电子装置焊装与设计实训

孙宜标　刘春芳　李海波　主编

清华大学出版社

北京

内 容 简 介

本教材按照教育部高等学校实践教学大纲基本要求编写。旨在通过实习加深对课堂知识的理解,使学生初步了解电子产品生产实际和工艺过程,掌握一般的电子工艺技能;使学生熟悉印制电路板绘制,掌握常见电子元器件的识别、测量方法,掌握电子装置的组装、焊接及调试技能,提高解决实际问题的能力。本书共分 6 章,包括常用元器件识别与测试、常用仪器设备使用、印制电路板的设计与制作、电子装置焊装与调试、电子装置装调实训和电子装置设计实训。

本书可作为高等院校电学类或非电类本科生的电子实训教材或指导书,还可作为课程设计、毕业设计的教学参考书,以及工程技术人员进行电子产品设计与制作的参考书。

图书在版编目(CIP)数据

电子装置焊装与设计实训/孙宜标,刘春芳,李海波主编.--北京:清华大学出版社,2015(2019.7重印)
ISBN 978-7-302-39497-6

Ⅰ.①电… Ⅱ.①孙… ②刘… ③李… Ⅲ.①电子设备-装配(机械)-焊接-高等学校-教材②电子设备-设计-高等学校-教材 Ⅳ.①TN805

中国版本图书馆 CIP 数据核字(2015)第 035211 号

责任编辑:庄红权 赵从棉
封面设计:常雪影
责任校对:王淑云
责任印制:李红英

出版发行:清华大学出版社
  网   址:http://www.tup.com.cn, http://www.wqbook.com
  地   址:北京清华大学学研大厦 A 座   邮 编:100084
  社 总 机:010-62770175   邮 购:010-62786544
  投稿与读者服务:010-62776969,c-service@tup.tsinghua.edu.cn
  质量反馈:010-62772015,zhiliang@tup.tsinghua.edu.cn
印 装 者:三河市铭诚印务有限公司
经   销:全国新华书店
开   本:185mm×260mm   印 张:12.75   字 数:307 千字
版   次:2015 年 6 月第 1 版   印 次:2019 年 7 月第 4 次印刷
定   价:35.00 元

产品编号:062732-02

前 言

FOREWORD

　　电装实习课的全称是电子工艺实习或电子产品组装实习。本课程是普通高等学校电类各专业实践教学环节的必修课程，是一门重要的基础实践课程，其主要目的是通过一个完整的电子产品的组装调试，学习电子产品的生产工艺过程，认识和理解电子工艺的基本内容，掌握基本的工艺技术，进一步提高学生的动手操作能力，初步树立起电子工程意识。本课程将基本技能训练、基本工艺知识和创新启蒙有机结合，可以为学生的实践能力和创新精神构筑一个基础扎实而又充满活力的基础平台。

　　电子工艺实习是电子工程师基本训练的重要环节之一。通过实习可以使学生加深对课堂知识的理解，使其开始接触电子元器件、电子材料及电子产品的生产实际，初步了解和掌握一般的电子工艺技能，了解电子产品生产实际和工艺过程；通过组装、焊接、调试等实训，使学生熟悉印制电路板的绘制，掌握常见电子元器件的识别、测量方法基础，掌握电子装置的组装、焊接及调试技能，进一步理解电子线路的相关理论知识，提高解决实际问题的能力；培养学生的动手能力、创新能力以及严谨踏实、科学的工作作风，使学生在实践中学习新知识、新技能、新方法，为毕业设计和今后从事与本专业有关的电工电子技术工作奠定实践基础。

　　为了规范实习教学，我们将历年编写的有关的实训指导、基本技能训练、实习产品指导书及实习作业等方面内容重新修订完善，汇集为《电子装置焊装与设计实训》指导书，供学生实习参考。

　　本书共分 6 章，包括常用元器件识别与测试、常用仪器设备使用、印制电路板的设计与制作、电子装置焊装与调试、电子装置装调实训和电子装置设计实训。

　　由于编者水平有限，时间仓促，书中难免有错误和不妥之处，望广大读者批评指正。

编　者

2015 年 4 月

目 录

CONTENTS

第1章

常用元器件识别与测试

1.1 电阻器

1.1.1 电阻器的种类与命名

电阻器也称电阻,是为电流提供通路的电子器件,是电子线路中应用最广的电子元件之一。电阻元件的基本参量是电阻值,单位为欧姆(Ω)、千欧($k\Omega$)和兆欧($M\Omega$)。电阻没有极性(正、负极),其基本特征是消耗能量。

根据电阻的工作特性及在电路中的作用,可分为固定电阻、可变电阻(电位器)、敏感电阻三大类,敏感电阻又分为热敏电阻、压敏电阻及光敏电阻等,其电路符号如图 1-1 所示。

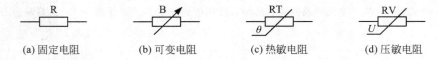

(a) 固定电阻　　　　(b) 可变电阻　　　　(c) 热敏电阻　　　　(d) 压敏电阻

图 1-1　电阻器的电路符号

根据国家标准,电阻器型号命名方法由四部分组成:第一部分,用字母 R 表示产品主称;第二部分,用字母表示产品材料;第三部分,用数字及字母表示类型;第四部分,用数字表示序号。表 1-1 列出了电阻命名中的具体符号定义。

表 1-1　电阻器型号命名方法

第一部分(主称)		第二部分(电阻材料)		第三部分(分类)		第四部分(序号)
符号	意义	符号	意义	符号	产品类型	用数字表示
R	电阻	T	碳膜	1	普通型	包括: 额定功率 阻值 允许偏差 精度等级
W	电位器	H	合成膜	2	普通型	
		S	有机实芯	3	超高频	
		N	无机实芯	4	高阻	
		J	金属膜	5	高温	
		Y	金属氧化膜	7	精密型	

续表

第一部分(主称)		第二部分(电阻材料)		第三部分(分类)		第四部分(序号)
符号	意义	符号	意义	符号	产品类型	用数字表示
		C	化学沉淀膜	8	高压型	
		I	玻璃釉膜	9	特殊型	
		X	线绕	G	高功率	
		R	热敏	W	微调	
		G	光敏	T	可调	
		M	压敏	D	多圈	
				X	小型	

表 1-2 按电阻制作材料和应用特性列出了电阻的分类。

表 1-2 常用电阻的分类

分 类		特点与用途	示 例 图 片
按制作材料分	合金型	用块状电阻合金拉制成合金线或碾压成合金箔制成电阻。通常用在较精密或要求较高的电路中	绕线电阻
	薄膜型	在玻璃或陶瓷基体上沉积一层电阻薄膜而制成。如碳膜、金属膜、化学沉积膜和金属氧化膜等。金属膜电阻的性能比较稳定,精度较高,是电子电路的首选器件	金属膜电阻
	合成型	电阻体本身由导电颗粒和有机(或无机)粘接剂混合而成,可制成薄膜或实芯两种。常用于要求不高的电子电路中	陶瓷电阻
从实际应用角度分	通用型	一般技术要求的电阻。这是电子电路中最常用的一种	金属膜/贴片电阻
	精密型	有较高精密度及稳定性,阻值容差:$\pm0.001\%\sim\pm2\%$。主要用于高精密的电子仪器和设备中	无/有引线超精密电阻
	高频型	电阻自身电感量极小,常称为无感($<0.5\mu H$)电阻。常用于高频电路或电磁环境恶劣条件下工作的电子仪器与设备中	无引线柱型高频电阻
	高压型	用于高压装置中,额定电压可达 35kV 以上	高压电阻

续表

分　类		特点与用途	示例图片
从实际应用角度分	高阻型	主要用在某些敏感电路中,阻值＞10MΩ,最高可达 10^{14} Ω	高阻电阻
	集成型	电阻网络,具有体积小、规整化、精密度高等特点。有多种电阻网络连接方式。适用于电子仪器设备及计算机电路	贴片/直插排阻
	压敏型	一种非线性电阻,当其两端电压低于规定值时,其电阻值很高(一般在几十兆欧以上),当其两端电压高于规定值时,其电阻值变得很低(几欧或几十欧)。多用在各种电子电路设备的保护电路中(如防雷电保护电路)	压敏电阻
	热敏型	一种电阻值随温度变化比较明显的电阻器,有正温度系数和负温度系数两种。一般用作温度传感器或电子电路的温度补偿器件	热敏电阻
	光敏型	光敏电阻是根据半导体光导效应制成的,制造材料有多种,其中对可见光敏感的硫化镉是最有代表性的一种。广泛用于自动控制、光检设备、电子乐器和其他家电中	光敏电阻

1.1.2　电阻器的主要参数与标识

电阻的主要参数有:标称阻值和允许偏差、额定功率、温度系数、非线性度、噪声系数、最大工作电压等,日常应用中涉及最多的是标称阻值、功率、耐压值等参数。

1. 标称阻值及允许偏差

标称阻值是指标注在电阻外表面上的阻值。由于工艺上的原因,一个电阻的实际阻值不可能绝对等于它的标称值,两者之间的偏差允许范围称为允许偏差。

普通电阻偏差分三个等级:Ⅰ级为±5％,Ⅱ级为±10％,Ⅲ级为±20％;精密电阻器的偏差等级有±0.05％、±0.5％、±0.2％、±1％、±2％等。可变电阻(电位器)因制作工艺结构和材料原因,有更大的偏差范围:±10％、±5％、±2％、±1％;精密电位器可达±0.1％。

电阻的标称阻值和允许偏差一般都标在电阻体上,其标志方法有如下三种。

1) 直标法

将阻值和允许偏差直接标在电阻体上,如在电阻体上标阻值 4k3(4.3kΩ)、4Ω3(4.3Ω)等。偏差等级用罗马数字表示。

2) 色标法

用不同颜色的色环来表示电阻的阻值及偏差等级,且电阻值单位一律为欧姆(Ω)。

普通电阻器用四色环法表示标称阻值和允许偏差,其中三条表示阻值,一条表示偏差,如表 1-3 所示。例如有一电阻器的色环依次为绿、棕、红、金,则该电阻器的阻值与允许的偏差为 $5100\Omega\pm5\%$。

精密电阻用五色环法表示标称阻值和允许偏差,如表 1-4 所示。例如,有一个电阻器的色环依次为黄、紫、黑、棕、红,则该电阻阻值和允许偏差为 $4.7k\Omega\pm2\%$。为避免混淆,第五环的宽度是其他色环的 1.5～2 倍。

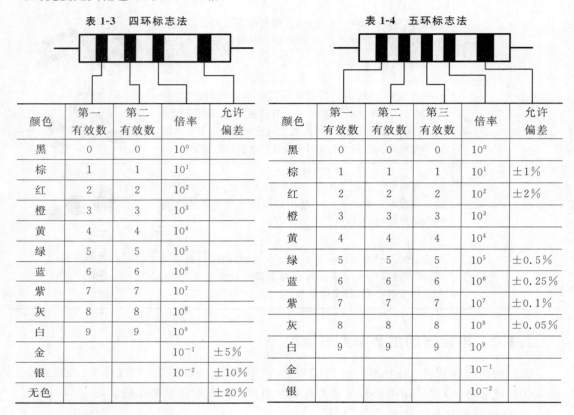

表 1-3　四环标志法

颜色	第一有效数	第二有效数	倍率	允许偏差
黑	0	0	10^0	
棕	1	1	10^1	
红	2	2	10^2	
橙	3	3	10^3	
黄	4	4	10^4	
绿	5	5	10^5	
蓝	6	6	10^6	
紫	7	7	10^7	
灰	8	8	10^8	
白	9	9	10^9	
金			10^{-1}	$\pm5\%$
银			10^{-2}	$\pm10\%$
无色				$\pm20\%$

表 1-4　五环标志法

颜色	第一有效数	第二有效数	第三有效数	倍率	允许偏差
黑	0	0	0	10^0	
棕	1	1	1	10^1	$\pm1\%$
红	2	2	2	10^2	$\pm2\%$
橙	3	3	3	10^3	
黄	4	4	4	10^4	
绿	5	5	5	10^5	$\pm0.5\%$
蓝	6	6	6	10^6	$\pm0.25\%$
紫	7	7	7	10^7	$\pm0.1\%$
灰	8	8	8	10^8	$\pm0.05\%$
白	9	9	9	10^9	
金				10^{-1}	
银				10^{-2}	

3) 数码法

用三位数字表示电阻的标称值。从左到右,第一、二位数表示该电阻器阻值的有效数字,而第三位则表示前两位有效数字后面应加"0"个数。例如:153 表示 $15k\Omega$。片状电阻器通常采用数码法标注。

2. 电阻的额定功率

电阻本质上是一种电能到热能的能量转换元件,电阻工作时允许的发热温度决定了不同结构尺寸下的电阻额定功率(指电阻在规定的温度和湿度范围内,长期连续工作允许消耗的最大功率)。电位器功率在两个固定端上定义。

在电路设计和电阻选用时,必须牢记电路中电阻的实际功率必须小于其额定功率(1.5～2 倍)。电阻的功率系列从 0.05～500W 有数十种规格,而常见的电阻额定功率有 1/8W、1/4W、1/2W、1W、2W、5W、10W 等。在标准电路图中以一定的符号表示电阻的额定功率,见图 1-2。

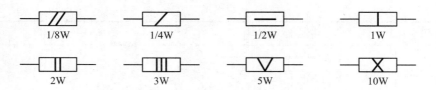

图 1-2 电阻器额定功率的符号表示

3. 电阻的极限工作电压

在规定的条件和时间内,电阻能承受一定电压而不发生击穿损坏或过热,则该电压即为电阻的极限工作电压。一般来说,额定功率大的电阻,它的耐压较高。

常用电阻的功率与极限电压为:0.25W/250V;0.5W/500V;1~2W/750V。

有更高的耐压等级需求时,应选高压型电阻。

1.1.3 电阻器在电路中的作用

电阻器在电路中可作负载电阻、分流器、分压器;与电容器配合作滤波器;在电源电路中作去耦电阻,稳压电源中的取样电阻及确定三极管静态工作点的偏置电阻等。表 1-5 列出了电阻器在电路中所起的常见作用。

表 1-5 电阻器在电路中的作用

作 用	电 路 图	说 明
限流保护	限流保护 限流保护	防止电路中电流太大而烧坏元器件
分流	总电流 R_1 分流 R_2	当流过一只元器件的电流太大时,可以用一只电阻与之并联,起到分流作用
分压	R_1 u_1 R_2 u_2	当加在一个电阻上的电压太高时,可以用两只电阻构成分压电路,降低电压
阻尼	L C R 阻尼	在 LC 谐振电路中接入电阻,可以降低 Q 值,起阻尼作用
将电流转换成电压	电流 R Q 转换成电压	当电流流过电阻时,就在电阻两端产生电压

续表

作　用	电　路　图	说　明
负反馈		电阻 R_3 构成负反馈电路,使三极管静态工作点稳定
与其他元器件组合		电阻与电容组合形成一阶低通滤波器等

1.1.4　电阻器的检测

电阻器的常规检测可用数字或模拟万用表来实现,接线示意图及表针(头)指示值如图 1-3 所示。用万用表测量电阻器的步骤如下:

根据对被测阻值的估计,选择恰能测量阻值的最小阻值挡。对数字表来说,若所选量程小于被测电阻的阻值,则数字表表头显示为"1",这时应改用更大的一挡量程;对于模拟指针表,由于欧姆挡刻度的非线性关系,它的中间一段分度较为精细,因此应使指针指示值在起始的 20%～80% 弧度范围内,以使测量更准确。根据电阻误差等级不同,读数与标称阻值之间允许有标示的误差。如不相符,超出误差范围,则说明该电阻值变值了。

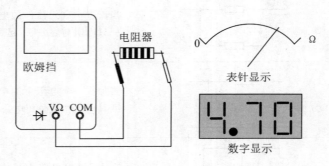

图 1-3　接线示意图及表针(头)指示值

测量时的注意事项:

(1) 测量前进行零位检查。把两只表笔相互短接,数字万用表显示应为"000",模拟表指针应指示 0Ω,两表笔开路,数字万用表显示应为"1",模拟表指针应指示∞。此举用以校验示值显示是否以 0 为基准。

(2) 测量电阻时,两手不能同时捏住电阻脚;不能带电或"在线"测电阻阻值(有其他连接通道),以免损坏万用表或影响测试精度。

1.1.5 电阻器的正确选用

在电路需要的阻值确定以后,电阻的选用应注意把握以下要点:

(1)满足功率要求。选择电阻的额定功率应高于实际消耗功率的两倍以上,以避免实际工作电阻体过度发热、阻值明显变化、烧毁电阻引发事故。在电路板设计时,应考虑到大功率的电阻将有大的安装体积,且多为线绕电阻(有感)。

(2)满足特定的工作性能要求。在高频电路中,对电阻的无感性、安装方式和产品的小体积化都可能提出较高的要求。减小电阻尺寸有利于减小高频电路尺寸,有利于提高高频电路的性能。这时,尽可能小的无感贴片电阻将成为首选,随之而来的是对元器件安装工艺有新的要求。在高精度电路中,某些电阻直接决定着电路的精度、稳定性及可靠性,这时应选择温度稳定性等很好的专用电阻。

(3)无特殊要求时,一般可选金属膜或碳膜电阻。适用、低成本、安装工艺较简单和成熟是其主要特点。

1.2 电位器

电位器是常用的电子元器件之一,是一种连续可调的可变电阻器。结构型的传统电位器是具有两个固定端头和一个滑动端头的可变电阻器,其滑动臂(动接点)的接触刷在电阻体上滑动,可获得与电位器外加输入电压和可动臂转角成一定关系的输出电压,如图 1-4 所示。就是说通过调节电位器的转轴,使它的输出电位发生改变,所以称为电位器。在电路中,电位器常用作分压器,见图 1-5(a)。输入电压 U_i 加在电阻体的 A、C 两端,通过活动点 B 在电阻体 A、C 两点间的移动,可以调节输出电压 U_o 的大小。电位器也可连接成如图 1-5(b)所示电路,作为可变电阻器使用。

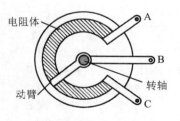

图 1-4　电位器的结构图

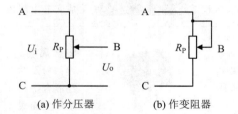

(a) 作分压器　　　(b) 作变阻器

图 1-5　电位器的原理图

目前已经广泛使用的数字电位器在原理上与传统电位器有根本不同,它不存在滑动触点,而是采用可数控的模拟开关进行固定电阻网络端点之间的切换。由于电阻网络的阻值分段结构所限,数字电位器对电阻值的调整是分段跳变的。如一个 5 位数控码的电位器,最大应有 128 级可调电阻挡位。

1.2.1 电位器的种类

结构型传统电位器有多种分类方法,按电阻体的材料的不同,可分为合金(线绕、金属箔)、薄膜、合成(有机、无机)、导电塑料等多种类型;按用途可分为普通、精密、微调、功率、高频、高压、耐热等类型；按阻值变化特性可分为线性电位器、对数式电位器（D）、指数式电位器（Z）、正余弦式电位器等；按调节方式有旋转式、直滑式、单圈、多圈式等。

电位器规格、型号命名及代号并不完全统一，表1-6列出了一些常见电位器的应用相关特性。

表 1-6　常用电位器种类

名　称	外　形	结　构	阻值及功率	主要特点	应　用
线绕电位器		电阻丝绕在基体上并弯成圆型，电刷在电阻丝上滑动	4.7Ω～100kΩ 0.25～25W	功率大、精度高、温度系数小、耐高温等	高温、大功率电路及精密调节电路
合成膜电位器（WH）		用碳墨、石墨、碳粉、粘合剂等覆在绝缘基体上经加热聚合而成	100Ω～4.7MΩ 0.1～2W	阻值范围宽、分辨率高、寿命长，但噪声大、温度系数大	民用中低档产品及一般仪器仪表电路
片状微调电位器			10Ω～10MΩ 1/16～1/8W	体积小、性能好，但价格较高	各种要求较高电路作微调用
有机实芯电位器（WS）		由碳墨、石墨、碳粉及有机粘合剂以热压制成实芯电阻体	100Ω～4.7MΩ 0.25～2W	耐热、耐磨、体积小	用于对可靠性、温度及过载能力要求较高的电路
金属玻璃釉电位器（WI）		将金属粉、玻璃釉粉及粘合剂混合烧结在基体上而成	20Ω～2MΩ 0.5～0.75W	阻值范围宽，体积小、耐热性能好、过载能力强、高频性能好、耐磨性好、寿命长	要求较高的电路及高频电路
数字电位器		数控模拟开关，一组同值电阻	1kΩ～数百千欧 1mW～数十毫瓦	寿命长、数字化、输出为离散量	音视频设备，数字系统

1.2.2　电位器的主要参数

电位器所用的材料与相应的固定电阻器相同，因而主要参数与相应的电阻器类似。由于电位器的阻值是可调的，而且电位器上有触点存在，因而还有其他一些参数。

1. 阻值的最大值和最小值

每个电位器的外壳上都标有阻值,这是电位器标称阻值,指电位器的最大电阻值。最小电阻值又称零位电阻,由于触点存在接触电阻,因此最小电阻值不可能为零,要求越小越好。

2. 阻值的变化特性

为了适合不同的用途,电位器的阻值变化规律也不同。常见的电位器变化规律有三种:直线式(X 型)、指数式(Z 型)、对数式(D 型)。三种形式的电位器其阻值随活动触点的旋转角度变化的曲线如图 1-6 所示。图中纵坐标表示在某一角度的电阻实际数值与电位器总电阻值的百分数,横坐标是旋转角与最大旋转角的百分比。

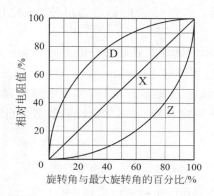

图 1-6　电位器阻值变化规律

X 型电位器,其阻值变化与转角成直线关系。也就是电阻体上导电物质的分布是均匀的,所以单位长度的阻值相等。它适合一些要求均匀调节的场合,如分压器、偏流调整等电路中。Z 型电位器在开始转动时阻值变化较小,而在转角接近最大转角一端时,阻值变化就比较显著。这种电位器适用于音量控制电路。D 型电位器的阻值变化与 Z 型正好相反,它在开始转动时阻值变化很大,而在转角接近最大值附近时,阻值变化就比较缓慢。它适用于音调控制电路。

除上述参数外,电位器还有符合度、线性度、分辨力、平滑性、动态噪声等专门参数,但一般选用时不必考虑这些参数。

1.2.3　电位器的检测

由于电位器在结构上不同于电阻器,其质量检测方法,除电阻检测的基本步骤外,还应注意:

(1) 旋转机械结构检查(数字电位器除外)。转动旋柄,看旋柄转动是否平滑,听电位器内部接触点和电阻体摩擦的声音是否正常,如有卡滞或"沙沙"声,说明质量不好。

(2) 用数字(或模拟)万用表电阻挡测量电位器固定两端阻值,并与标称值相符。

(3) 测量滑动端与固定端的阻值变化情况。将万用表表笔接电位器可变端,旋转电位器轴柄,如读数逐渐增大或减少,说明电位器正常(阻值从"0"→标称值或从标称值→"0"变化)。如万用表的读数(或指针)有较大幅度的跳动现象,说明活动触点有接触不良的现象。如数字万用表的读数为"1"则内部开路;如数字万用表的读数为"000",则内部短路。

1.2.4　电位器的正确选用

1. 电位器种类的选择

在一般要求不高的电路中或环境较好的场合,可选用碳膜电位器;如果需要较精密的调节,而且功率较大,应选用线绕电位器;在工作频率较高的电路,应选用玻璃釉电位器。

2. 电位器阻值变化特性的选择

根据用途,选择电位器阻值变化形式,如音量控制电位器应选用指数式电位器;用作分压器时,应选用直线式电位器;作音调控制时,应选用对数式电位器。

3. 电位器结构的选择

电位器的体积大小和转轴的轴端式样要符合电路的要求。如经常旋转调整的选用铣平面式;作为电路调试用的可选用带起子槽式。

由于数字电位器具有无触点、无结构化部件、可数字控制调整等一系列特点,在实现自动阻值调整、恶劣环境或频繁调整阻值、一体化设计的数字电路应用中,应将其作为首选。

1.3　电容器

电容器是一种储能元件,它在电子电路中应用十分广泛,主要用于交流耦合、隔离直流、滤波、脉冲旁路(去耦)、RC 定时、LC 谐振选频、电能储存等电路。

1.3.1　电容器的种类与命名

电容器的种类和分类方式很多,按结构分有固定电容器、可变电容器和微调电容器等;按材料分有电解质类电容器、气体介质类电容器、无机介质类电容器、有机介质或复合介质类电容器等;按结构形状分有片状、管状、矩形、穿心等形式;还可以按不同材料的制作工艺等进行分类。电容器的电路符号如图 1-7 所示。

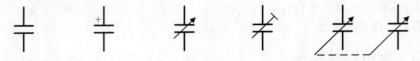

(a)一般符号　　(b)极性电容器　　(c)可变电容器　　(d)微调电容　　(e)双连同轴可变电容器

图 1-7　电容器的电路符号

根据国家标准,电容器型号命名由四部分组成:第一部分,用字母 C 表示产品主称;第二部分,用字母表示产品材料;第三部分,用数字表示产品分类,个别用字母表示;第四部分,用数字表示产品序号。

电容器具体命名含义参见表 1-7。例如 CD11 表示铝电解电容;CL21 表示涤纶电容器。由于定标较早,后出现的独石电容沿用瓷介的 CC(高频)、CT(低频)表示,为 CC4、CT4系列;聚丙烯电容沿用 CB 表示,为 CBB 系列,最后一个 B 为"丙"字拼音字头。表 1-8 列出的是部分常用的固定电容器。

表1-7 电容器型号命名方法

材料(第二部分)				分类(第三部分)							
字母代号	含义	字母代号	含义	数字代号	含义				字母代号	含义	
					瓷介	云母	有机	电解			
C	高频瓷介	Q	漆膜	1	圆片	非密	非密	箔式	T	铁电	
Y	云母	D	铝电解质	2	管形	非密	非密	箔式	W	微调	
I	玻璃釉	A	钽电解质	3	叠片	密封	密封	烧结粉液体	J	金属化	
O	玻璃膜	N	铌电解质	4	独石	密封	密封	绕结粉	X	小型	
B	聚苯乙烯	G	合金电解	5	穿心		穿心		S	独石	
Z	纸介质	E	其他电解	6	支柱				D	低压	
J	金属化纸介			7				无极性	M	密封	
H	混合介质			8	高压	高压	高压		Y	高压	
L	涤纶			9			特殊	特殊	C	穿心式	
F	聚四氟乙烯								G	高功率	

表1-8 常用固定电容器种类

名称	外形	材料/结构	主要参数		主要特点	应用
			电容量	额定电压		
铝电解电容(CD)		铝箔卷绕密封	0.47～10000μF	6.3～450V	有极性,容量大,价格低;但损耗大,热稳定性相对较差,漏电大	电源滤波、低频耦合、旁路等
钽电解电容(CA)		采用钽粉烧结	0.1～1000μF	4～125V	可有极性,体积小,损耗、漏电小于铝电解电容,热稳定性好,寿命长,但价格较高	可代替铝电解电容;用于计算机板卡、电子手表、收音机等
聚丙烯电容(CBB)		卷绕式,叠片式	1000pF～10μF	63～2000V	无极性,损耗小,稳定性好	可代替云母电容,用于要求较高的电路
涤纶电容(CL)		卷绕式密封	470pF～4μF	63～630V	无极性,体积小,容量大,但稳定性较差	各种仪器仪表、电器的耦合、旁路、隔直等
瓷片电容		薄瓷片两面镀金属膜银而成	1～3600pF	63～500V	无极性,耐压高,损耗小,价格低,稳定性好	常用于高频信号耦合、旁路等

续表

名称	外形	材料/结构	主 要 参 数		主要特点	应用
			电容量	额定电压		
独石电容（CC）		若干片几十毫米厚的陶瓷膜，预先印刷上电极，叠放烧结而成	10pF～10μF	63～500V	无极性，容量大，高频损耗小，稳定性好，体积小	广泛应用于各种小型或超小型电子设备中
无感电容		聚丙烯为介质，铝箔为电极，采用无感卷绕，环氧树脂包封	0.001～1μF	100～1000V	高频损耗小，过电流能力强，绝缘电阻高，寿命长，温度特性稳定	适用于节能灯、镇流器、彩电及高频电子仪器、大电流电路

1.3.2 电容器的主要参数与标识

电容器的主要参数有标称容量、允许偏差、额定电压、绝缘电阻等。

(1) 标称容量及允许偏差：电容器与电阻器一样，也有标称电容量参数，即表示电容器容量的大小。电容器容量及允许误差一般都直接标在电容器上。

① 采用数码标志容量时，标在电容外壳上的是三位整数，其第一、二位数字分别表示容量的第一、二位有效数字，第三位数字则表示有效数字后面加"0"的个数，单位为 pF。如 223 表示容量为 $22 \times 10^3 \text{pF} = 0.022 \mu\text{F}$。

② 采用文字符号标志电容容量时，容量的整数部分写在容量单位标志的前面，容量的小数部分写在容量单位标志的后面，例如：2.2pF 写为 2p2，6800pF 写为 6n8。

③ 采用色标法原则上与电阻器相同，其容量单位为 pF。

(2) 额定电压：在规定温度下，能保证长期连续工作而不被击穿的电压。所有的电容都有额定电压参数，额定电压表示电容两端所允许施加的最大电压。

额定电压的数值及电解电容的极性通常都在电容器上直接标出。常见固定电容器的耐压值有 1.6、4、6.3、10、16、25、32*、40、50*、63、100、125*、160、250、300*、400、450*、500、630、1000V 等多种等级。其中"*"符号只限于电解电容器用。

(3) 绝缘电阻：加到电容器上的直流电压和漏电流的比值，又称漏阻。电容器的漏电流越小越好，也就是绝缘电阻越大越好。一般电容器的绝缘电阻在数百兆欧到数吉欧数量级。

(4) 稳定性：电容器的主要参数受温度、湿度、气压、振动等外界环境的影响后会发生变化，变化大小用稳定性来衡量。其中温度系数是指在一定范围内，温度每变化 $1℃$，电容量的相对变化值（$\Delta C/C$），以单位 ppm/℃ 表示（$1\text{ppm} = 10^{-6}$）。

电容器的温度系数主要取决于介质材料的温度特性及电容器的结构。云母及瓷介电容稳定性最好,温度系数可达 $10^{-4}/℃$ 数量级;铝电解电容器温度系数最大,可达 $10^{-2}/℃$。多数电容器的温度系数为正值,个别类型电容器的温度系数为负值,如瓷介电容器等。

1.3.3　电容器在电路中的作用

电容器可以单独构成一个功能电路,更多的情况下与其他元器件构成功能丰富的电路。表 1-9 列举了常用电容器在电路中所起的作用。

表 1-9　常用电容器在电路中所起作用

名　称	电　路　图	作　用
耦合电容	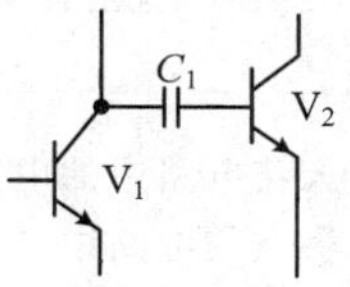	用在耦合电路中的电容器称为耦合电容,C_1 起隔直流、通交流作用
分压电容	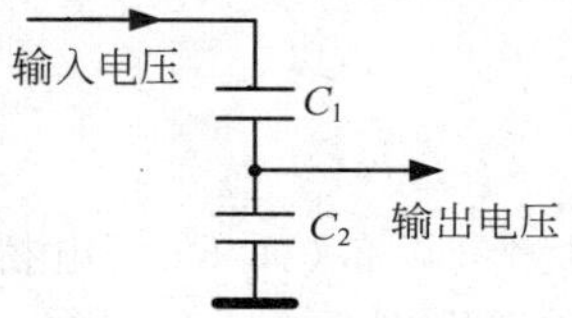	对交流信号可以采用电容进行分压,电路中 C_1 和 C_2 构成分压电路
滤波电容	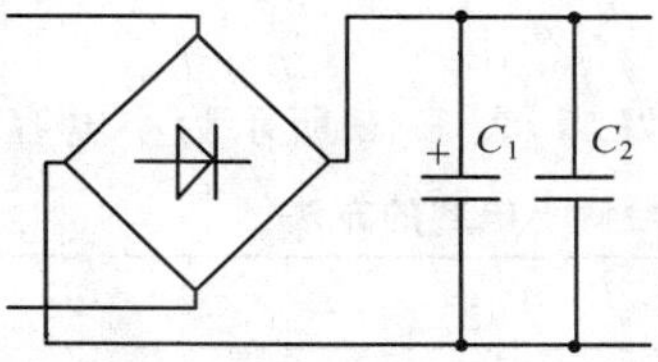	用在滤波电路中的电容为滤波电容。图中 C_1 为电解电容,起低频信号滤波;C_2 为瓷片电容,起高频信号滤波
保护电容	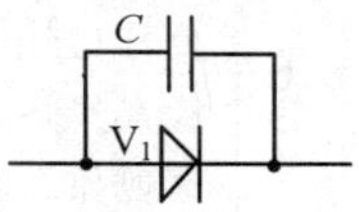	在有些整流电路中,在整流二极管 V_1 的两端并联一个小电容,可以防止开机时冲击电流损坏二极管
旁路电容	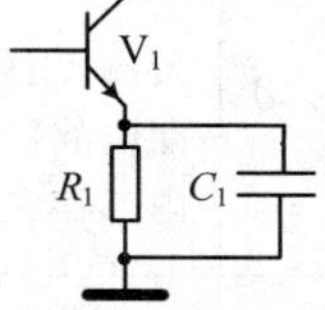	用在旁路电路中的电容称为旁路电容,电路中 C_1 为三极管 V_1 的发射极旁路电容。电路中如果需要去掉某一频段的信号,可以使用旁路电容
退耦电容	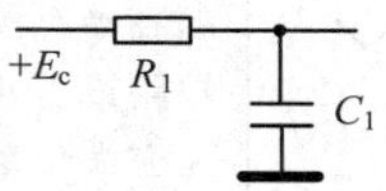	用在退耦电路中的电容称为退耦电容,电路中 C_1 为退耦电容。多级放大电路的直流电压供给电路中使用这种退耦电路,以消除每级放大电路之间的低频信号的干扰
高频消振电容	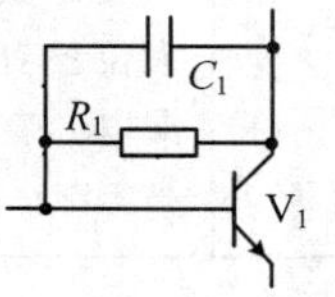	用在高频消振电路中的电容器称为高频消振电容,电路中的 C_1 是音频放大器中的常见高频消振电容,在音频负反馈放大电路中,为了消除可能出现的高频自激,采用这种电容电路,以消除放大器可能出现的高频啸叫

续表

名　称	电　路　图	作　用
谐振电容	L_1 C_1	用在 LC 谐振电路中的电容器称为谐振电容,电路中的 C_1 为谐振电容
积分电容	R C	用在积分电路中的电容器称为积分电容,利用这种积分电路,可以滤除不需要的干扰信号
微分电容	C R	用在微分电路中的电容器称为微分电容。触发电路中为了得到尖峰触发信号,采用这种微分电路,以从各类信号中(主要是矩形脉冲)得到尖峰脉冲触发信号
消火花电容	S_1 R_1 C_1	用在消火花电路中的电容器称为消火花电容。在一些有触点的电路中,时常采用这种消火花电路

1.3.4　电容器的测量

固定电容器的标称容量准确测量应使用专用测量设备(如 RLC 电桥)。利用数字或模拟万用表对电容的测量,一般只能用作为电容品质定性判断或近似测量。

1. 用模拟万用表检测小电容

用模拟万用表电阻挡可以定性检测电容的好坏,表 1-10 所示为小电容的检测方法。

表 1-10　模拟万用表检测小电容的方法

接线示意图	表针指示	说　明
测量电容容量小于 0.01μF	×10k Ω	因其容量值太小,无法看出充电现象,用万用表 R×10k 挡只能定性地检查其是否有漏电、内部短路或击穿现象。利用模拟表测量时,阻值为无穷大,说明电容不存在漏电现象
	×10k Ω	若测出有电阻,说明该电容器存在漏电故障;若阻值为零,说明电容内部存在短路或击穿现象
测量电容容量大于 0.01μF	×10k Ω	可用模拟表的 R×10k 挡直接测试电容器有无充电过程以及有无内部短路或漏电。当表针摆动大,返回无穷大位置,说明电容正常
	×10k Ω	当表针摆动大,但返回位置离无穷大位置有一定的距离,说明电容有漏电。表针摆动大,不返回,说明电容被击穿;表针不摆动,表明电容开路

2. 用模拟万用表检测电解电容

表 1-11 所示为用模拟万用表测量电解电容的方法。

表 1-11　模拟万用表测量电解电容的方法

接线示意图	表针指示	说　明
电解电容 R×100挡 红 黑 模拟表测量量程 $1 \sim 47\mu F$ 之间的电容,可用 R×1k 挡测量; 大于 $47\mu F$ 的电容可用 R× 100 挡测量	表针摆动示意 ∞ ——— 0Ω	将模拟万用表红表笔接负极, 黑表笔接正极,在刚接触的瞬 间,万用表指针即向右偏转较 大偏度(对于同一电阻挡,容量 越大,摆幅越大),接着逐渐向 左回转,直到停在某一位置
	∞ ——— 0Ω	若表针偏转到无穷大,说明电 容正常
	∞ ——— 0Ω	若表针偏转到离无穷大有一定 的距离,说明电容存在漏电现 象;如果所测阻值很小或为 零,说明电容漏电大或已击穿 损坏

测量电解电容的注意事项如下:

(1) 每次测量电容前都必须先放电后测量(无极性电容也一样)。

(2) 选用电阻挡时要注意万用表电池(一般最高电阻挡使用 $9 \sim 15V$,其余使用 $1.5V$ 电池)电压不应高于电容器的额定直流电压,否则,测量出来的结果是不准确的。

(3) 测量无极性电容时,万用表的红黑表笔可以不分,测量方法与有极性电解电容的方法一样。

3. 用数字万用表检测电容

表 1-12 是用数字万用表检测电容的方法。

表 1-12　用数字万用表检测电容的方法

接线示意图	说　明
	一般数字表上都设有电容容量测量功能。测量电容时将数字万用表 置合适量程,把电容插入 Cx 插座,表头读数即为电容的容量,若表头 显示与电容的标称值相符,说明电容正常;若被测电容器漏电或超 出表的最大测量容量,表头显示"1"

4. 可变电容器的检测

以收音机的调谐电容器为例。当用手轻轻旋动转轴时,应感觉十分平滑,无时松时紧的卡滞现象。将转轴向前、后、上、下、左、右等各个方向推动时,转轴不应有松动的现象。将模拟万用表置于 R×10k 挡,一只手将两个表笔分别接可变电容器的动片和定片的引出端,另一只手将转轴缓缓旋动几个来回,万用表指针都应在无穷大位置不动。在旋动转轴的过程中,如果指针有时指向零,说明动片和定片之间存在短路点;如果碰到某一角度,万用表读数不为无穷大而是出现一定阻值,说明可变电容器动片与定片之间存在漏电现象。

1.3.5　电容器的正确选用

1. 电容器种类的选择

不同的电路应选择不同种类的电容器。在电源滤波和退耦电路中应选择电解电容器;在高频电路和高压电路中应选用瓷介和独石电容;在谐振电路中可选用 CBB、陶瓷和有机薄膜等电容器,用作隔直时可选用涤纶、独石、电解等电容器,用在谐振回路时可选用空气或小型密封可变电容器。钽(铌)电解电容的性能稳定可靠,但价格高,通常用于要求较高的定时、延时等电路中。

2. 电容器耐压的选择

电容器的额定电压应高于其实际工作电压的 $10\%\sim20\%$,以确保电容器不被击穿损坏。

3. 电容器允许误差的选择

在低频耦合电路中的电容器误差允许稍大一些(一般为 $\pm10\%\sim\pm20\%$);对于在振荡和延时电路中的电容器,其允许误差尽可能小。

1.4　电感器

电感器是一种能够存储磁场能的电子元件,又称电感线圈,它具有通直流、阻交流、通低频、阻高频特性,主要用于调谐、振荡、耦合、扼流、滤波、陷波、偏转等电路。

1.4.1　电感器的种类

电感器可分为固定电感器和可变电感器两大类。按导磁性质可分为空芯线圈、磁芯线圈和铜芯线圈等;按用途可分为高频扼流线圈、低频扼流线圈、调谐线圈、退耦线圈等;按结构特点可分为单层、多层、蜂房式、磁芯式等。

传统电感器由漆包线在特制绝缘骨架上绕制而成,匝间互相绝缘。随着微型元器件技术的不断发展及工艺水平的提高,片状(贴片)线圈和印制线圈等不同工艺形式的电感器产品日渐增多,规格系列也在不断增加。但是,电感器除部分可采用现成产品外,仍有许多非标准元件需根据电路要求自行设计制作。电感器在电路中的符号如图 1-8 所示。

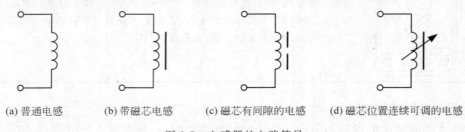

(a) 普通电感　　(b) 带磁芯电感　　(c) 磁芯有间隙的电感　　(d) 磁芯位置连续可调的电感

图 1-8　电感器的电路符号

电感器的引脚尺寸、间距等一般并无统一的标准,封装形式也是多种多样的。除常见的几种外观外,电感器还有多种类似电阻或电容形状的封装方式,如立式圆柱形、粒形、扁式贴片型封装等。常见电感器的外观如图1-9所示。由于用途、工作频率、功率、工作环境不同,导致电感的基本参数、结构形式的多样化。

| 贴装功率电感 | 磁环电感 | 空心电感 | 贴片电感 |
| 可调电感 | 滤波电感 | 色环电感 | 磁珠 |

图1-9 常见电感器的外观

1.4.2 电感器的主要性能参数与标识

(1) 电感量的标称值以及允许偏差。线圈电感量的大小与电感器线圈的匝数、线圈的直径、磁芯的导磁率有关,匝数越多、导磁率越高,则电感器的电感量越大。带磁芯电感器要比不带磁芯电感器的电感量大得多。电感量的单位为亨(H)、毫亨(mH)、微亨(μH)和纳亨(nH),$1H = 10^3 mH = 10^6 \mu H = 10^9 nH$。

允许偏差表示电感制造过程中电感量偏差的大小,通常有三个等级:Ⅰ级允许的偏差为±5%;Ⅱ级允许的偏差为±10%;Ⅲ级允许的偏差为±20%。

系列化生产的部分电感采用三种标注方法。色码电感一般使用三环或四环标注法(与电阻色环定义数相同),前两环为有效数字,第三环为倍率,第四环为误差。直标法在电感表面,直接用数字和单位表示电感值,如22m表示22mH,当只用数字时,电感单位为μH。文字标注法一般使用3位数字标注,如104为$10 \times 10^4 \mu H = 100 mH$。

(2) 品质因数 Q。在某一工作频率下,线圈的感抗对其等效直流电阻的比值。线圈的 Q 值越高,回路的损耗越小,电路效率越高。线圈的 Q 值通常为几十到几百。

(3) 额定电流。在规定的温度下,线圈正常工作时所承受的最大电流值。选用电感元件时,其额定电流值一般要稍大于电路中流过的最大电流。

(4) 分布电容。电感线圈的匝与匝间、线圈与地及屏蔽盒之间存在的寄生电容。分布电容使线圈的 Q 值减小、总损耗增大、稳定性变差,因此线圈的分布电容越小越好。

1.4.3 电感器在电路中的作用

电感器在电路中有时单独使用,有时与其他元器件一起构成功能电路或单元电路。表1-13介绍了电感在电路中所起的作用。

表 1-13 电感器在电路中的作用

名 称	电 路 图	作 用
电感滤波电路	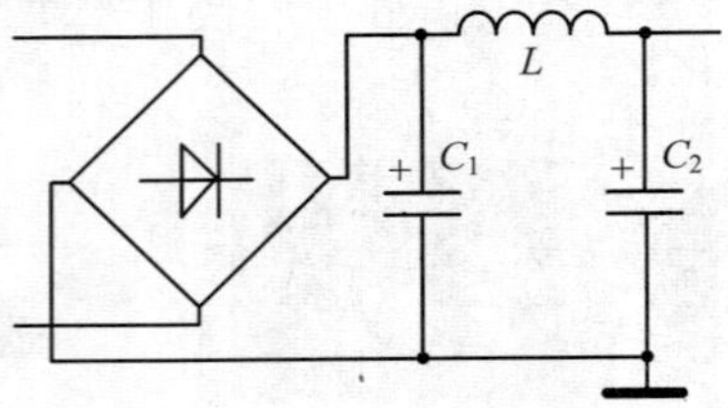	电源电路中的滤波电路在接整流电路之后,用来滤除整流电路输出电压中的交流成分。电感滤波电路是用电感器构成的一种滤波电路,其滤波效果相当好
LC 串联谐振电路	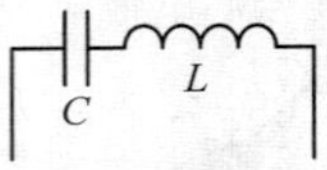	LC 串联谐振电路在谐振时阻抗最小,利用这一特性可以构成许多电路,如陷波电路、吸收电路等
LC 并联谐振电路	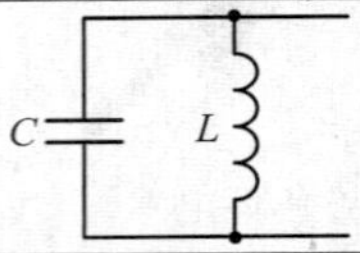	LC 并联谐振电路在谐振时阻抗最大,利用这一特性可以构成许多电路,如补偿电路、阻波电路等

1.4.4 电感器的检测

1. 外观检查

对电感器的测量首先要进行外观的检查,看线圈有无松散、引脚有无折断等现象。

2. 直流电阻的测量

利用万用表的欧姆挡直接测量电感线圈的直流电阻。若所测电阻为∞,说明线圈开路;如比标称电阻(或按线径、线长计算)小得多,则可判断线圈有局部短路;若为零,则线圈完全短路。如果检测的电阻与原确定的或标称阻值基本一致,可初步判断线圈是好的。

线圈电感量和品质因数 Q 值,可以使用专门的仪器(RLC 测试仪、Q 表等)进行测量。

1.4.5 电感器的选用

电感器的选用原则如下:

(1) 根据电路的要求选择不同的电感器。

(2) 使用时要注意通过电感器的工作电流要小于它的允许电流。

(3) 安装时,注意电感元件之间的相互位置,一般应使邻近电感线圈的轴线相互垂直。

1.5 变压器

变压器由铁芯(或磁芯)和线圈组成,线圈有两个或两个以上的绕组,其中接电源的绕组叫初级线圈,其余的绕组叫次级线圈。当初级线圈中通有交流电流时,铁芯(或磁芯)中便产生交流磁通,使次级线圈中感应出电压(或电流)。变压器在电路中的主要作用是变换电压、电流和阻抗,还可使电源与负载之间进行隔离等,广泛应用于家用电器、电子仪器、开关电源等用电设备中。

1.5.1　变压器的种类

变压器的电路符号如图 1-10 所示。众多的日用电器设备工作都要靠（380V 或 220V）公共电网供电，但一般的电器中，都有低电压供电模块，这种低电压常常要靠降压变压器降压，并经过整流电路，将交流变换为直流后使用。变压器可以根据其工作频率、用途及铁芯形状等进行分类。表 1-14 列出了变压器的种类划分方法。

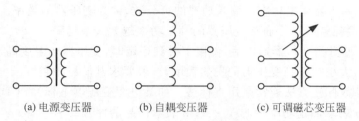

(a) 电源变压器　　　　(b) 自耦变压器　　　　(c) 可调磁芯变压器

图 1-10　变压器的电路符号

表 1-14　变压器的种类

划 分 方 法	种 类
按工作频率	高频变压器、中频变压器和低频变压器
按用途	电源变压器(单相、三相、多相)、音频变压器、脉冲变压器、恒压变压器、耦合变压器、自耦变压器、隔离变压器等
按铁芯(或磁芯)形状	芯式变压器(插片铁芯、C 型铁芯、铁氧体铁芯)、壳式变压器、环型变压器、金属箔变压器

图 1-11 给出的是几种常用电源变压器图例。针对电源变压器，其铁芯结构形状不同，将一定程度地影响变压器性能。如环型变压器的铁芯由硅钢带卷绕而成，区别于 C 型和 E 型结构，磁路中无气隙，漏磁极小，性能提高，工作时的电噪声也小。

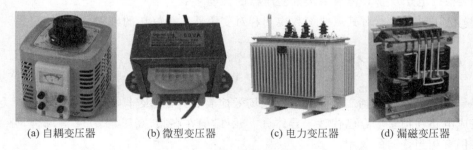

(a) 自耦变压器　　　(b) 微型变压器　　　(c) 电力变压器　　　(d) 漏磁变压器

图 1-11　常用电源变压器图例

1.5.2　变压器的主要参数

变压器的主要性能参数如下：

(1) 额定功率。额定功率是指在规定的频率和电压下，变压器长时间工作不超过规定温升的最大输出功率。单位为 V·A(伏安)。

（2）变压比 n。变压比 n 指变压器的初级和次级绕组电压比，表明了该变压器是升压变压器还是降压变压器。可以有空载电压比和负载电压比两种指标。

（3）频率响应。频率响应参数主要针对低频变压器（如电源变压器），是衡量变压器传输不同频率信号能力的重要参数。

（4）绝缘电阻。绝缘电阻指绕组与绕组间、绕组与铁芯间、绕组与外壳间的绝缘电阻值。绝缘电阻的高低与所使用的绝缘材料的性能、温度高低和潮湿程度有关。

（5）效率。变压器输出功率占输入功率的百分数，称为变压器的效率。显然，变压器的效率越高，各种损耗就越小。通常变压器的额定功率越大效率越高。

（6）温升。温升指变压器通电后，温度上升到稳定时，变压器的温度高出环境温度的数值。这一参数的大小关系到变压器的发热程度，一般要求其值越小越好。

变压器的参数标注方法通常采用直标法。如某电源变压器上标注出 DB-50-2，DB 表示电源变压器；50 表示额定功率为 50V·A；2 表示产品的序号。

1.5.3 变压器的检测

对变压器的检测主要是测量变压器线圈的直流电阻和各绕组之间的绝缘电阻。

（1）直流电阻的测量：由于变压器线圈的电阻很小，可以用万用表测量绕组的电阻值，来判断绕组有无短路或断路现象。

（2）绕组间绝缘电阻的测量：用兆欧表测量初级与次级绕组之间、初级与外壳之间、次级与外壳之间的电阻值。阻值为∞时正常；阻值为零则有短路；阻值大于零非∞定值时有漏电。

1.5.4 变压器的选用

变压器的种类、型号很多，可依据以下准则进行选用：

（1）根据不同的使用目的选用不同类型的变压器。

（2）根据电子设备具体要求选好变压器的性能参数。

（3）选用时要注意对其重要参数检测和对变压器质量好坏的判别。

1.6 半导体分立器件

半导体分立器件包括二极管、三极管、场效应管、可控硅及半导体特殊器件等。尽管近年来集成电路在很多场合已代替半导体分立元件，但在高频、高压、大功率等场合，分立半导体器件仍有相当普遍的应用。

1.6.1 半导体器件的命名和封装

半导体器件按照不同的功能，欧洲、美国、日本和我国都有不同的命名方法。随着半导体工业的迅速发展，每一种器件在材料、参数性能、封装等方面也在不断发生着变化，一般生产企业可以有自己企业标准下的细化命名定义。因此，关系到半导体器件识别或选用的命名方法，应在学习一些标准命名知识的基础上，从实践中得到更多的积累。图 1-12 为半导体分立元器件的封装及管脚排列图。

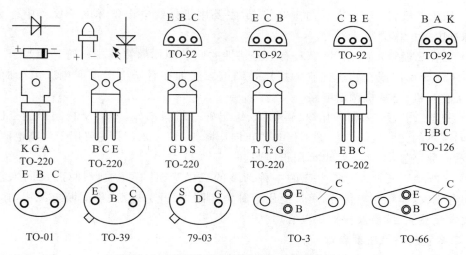

图 1-12 半导体分立器件封装及管脚排列图

半导体器件封装一般采用塑料、玻璃、金属、陶瓷等材料,以塑料封装居多。金属(或部分金属)封装主要考虑提高元件散热效果(可加装散热片),而陶瓷封装则有利于提高元件的高频综合性能。

1.6.2 二极管

二极管是电子设备中常用的半导体器件,是由一个 PN 结加上相应的电极引线和密封壳做成的半导体器件。二极管有两个电极,接 P 型区的引脚为正极,接 N 型区的引脚为负极。二极管主要用于整流、稳压、检波、变频等电路中,其电路符号如图 1-13 所示。

(a) 普通二极管   (b) 稳压二极管   (c) 变容二极管   (d) 发光二极管   (e) 光电二极管

图 1-13 常用二极管的电路符号

1. 常用二极管种类

二极管按材料可分为锗、硅二极管;按 PN 结的结构分为点接触型和面接触型二极管,点接触型二极管主要用于小电流的整流、检波、开关等电路,面接触型二极管主要用于功率整流电路;按工作原理分为肖特基二极管、隧道二极管、雪崩二极管、齐纳二极管、变容二极管等;按用途可分为整流二极管、开关二极管、稳压二极管、发光二极管等。各种二极管的应用特点如下:

(1) 整流二极管:主要用于电源整流电路,利用二极管的单向导电性,将交流电变为直流电。由于整流二极管的正向电流较大,所以整流二极管多为面接触型二极管,结面积大、结电容也大,但工作频率低。

(2) 开关二极管:利用开关二极管由导通变为截止或由截止变为导通所需的时间比一般二极管短的特性,在电路中起控制电流接通或关断的作用,成为一个理想的电子开关。

（3）稳压二极管：工作在反向击穿状态，主要用于无线电设备和电子仪器中作直流稳压，在脉冲电路中作为限幅器等。

（4）变容二极管：利用PN结具有电容特性的原理制作的特殊二极管。相当于一个可变电容，工作于反向截止状态。它的特点是结电容随加在管子上的反向电压大小而变化。主要用于收音机、电视机调谐电路。

（5）发光二极管：采用砷化镓、磷化镓、镓铝砷等材料制作，不同材料制作的二极管能发出不同颜色的光。发光二极管工作时的正向压降为 $1.8\sim2.5$V，主要用于电路电源指示、通断指示或数字显示，高亮管也可用于照明。

（6）快恢复二极管：近年生产的一种新型的二极管，具有开关特性好、反向恢复时间短、正向电流大、体积小等优点，可广泛用于脉宽调制器、开关电源、不间断电源中，作高频、高压、大电流整流、续流及保护二极管用。

2. 二极管特性及主要参数

二极管的伏安特性如图 1-14 所示。当外加正向偏置电压 $0<U<V_{th}$ 时，正向电流为零；当 $U>V_{th}$ 时，开始出现正向电流，并按指数规律增长。硅二极管的死区电压 $V_{th}=0.5$V 左右；锗二极管的死区电压 $V_{th}=0.2$V 左右。导通后的二极管有一个最大可连续工作电流上限 I_F，正常工作二极管两端的电压基本上保持不变（锗管约为 0.3V，硅管约为 0.7V），称为二极管的"正向压降"。

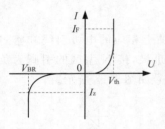

图 1-14　二极管伏安特性

当外加反向偏置电压 $V_{BR}<U<0$ 时，反向电流很小，且基本不随反向电压的变化而变化，此时的反向电流也称反向漏电流 I_z。反向电流与温度有着密切的关系，硅二极管比锗二极管在高温下具有更好的稳定性。当 $U\geqslant V_{BR}$ 时，反向电流急剧增加，V_{BR} 称为反向击穿电压。

二极管反向击穿分为：电击穿和热击穿。反向击穿并不一定意味着器件完全损坏。如果是电击穿，则外电场撤销后器件能够恢复正常；如果是热击穿，则意味着器件损坏，不能再次使用。工程实际中的电击穿往往伴随着热击穿。为保证二极管使用安全，规定了最高反向工作电压 V_{BRM}。

不同用途的二极管，其参数要求也不同。二极管的主要参数如下：

（1）最大整流电流（I_m）。最大整流电流是指二极管长时间正常工作下，允许通过二极管的最大正向电流。

（2）最大反向工作电压（U_{rm}）。最大反向工作电压是指二极管正常工作时所能承受的最大反向电压值，U_{rm} 约等于反向击穿电压的一半。二极管反向击穿电压是指二极管加反向电压，使二极管不致反向击穿的电压极限值。

（3）反向电流（I_{co}）。反向电流是指给二极管加上规定的反向偏置电压情况下，流过二极管的反向电流，I_{co} 的大小反映了二极管的单向导电性能。

（4）最高工作频率（F_M）。最高工作频率是指二极管能正常工作的最高频率。由于二极管的材料、构造和制造工艺的影响，当工作频率超过一定值后，二极管将失去良好的工作特性。因此选用时（主要是高频电路中），必须使二极管的工作频率低于 F_M。

常用整流二极管的主要参数见表 1-15，常用稳压二极管的主要参数见表 1-16。

表 1-15 硅塑封整流二极管的主要参数

产品型号	正向整流电流/A	最大反向电压/V	产品型号	正向整流电流/A	最大反向电压/V	产品型号	正向整流电流/A	最大反向电压/V
1N4001	1	50	1N54	3	25	6A50	6	25
1N4002	1	100	1N5400	3	50	6A100	6	100
1N4003	1	200	1N5401	3	100	6A200	6	200
1N4004	1	400	1N5402	3	200	6A400	6	400
1N4005	1	600	1N5403	3	300	6A600	6	600
1N4006	1	800	1N5404	3	400	6A800	6	800
1N4007	1	1000	1N5405	3	500	6A1000	6	1000
			1N5406	3	600			
			1N5407	3	800			

表 1-16 常用 1N47 系列稳压二极管的主要参数

型号	V_z/V	R_z/Ω	I_z/mA	型号	V_z/V	R_z/Ω	I_z/mA
1N4728	3.3	10	76	1N4741	11.0	8.0	23
1N4729	3.6	10	69	1N4742	12.0	9.0	21
1N4730	3.9	9.0	64	1N4743	13.0	10.0	19
1N4731	4.3	9.0	58	1N4744	15.0	14.0	17
1N4732	4.7	8.0	53	1N4745	16.0	16.0	15.5
1N4733	5.1	7.0	49	1N4746	18.0	20.0	14
1N4734	5.6	5.0	45	1N4747	20.0	22.0	12.5
1N4735	6.2	2.0	41	1N4748	22.0	23.0	11.5
1N4736	6.8	3.5	37	1N4749	24.0	25.0	10.5
1N4737	7.5	4.0	34	1N4750	27.0	35.0	9.5
1N4738	8.2	4.5	31	1N4751	30.0	40.0	8.5
1N4739	9.1	5.0	28	1N4752	33.0	45.0	7.5
1N4740	10.0	7.0	25				

3. 二极管在电路中的作用

二极管在电路中可起整流、稳压、开关、电源指示等作用,表 1-17 列出了常用二极管在电路中所起作用。

表 1-17 常用二极管在电路中所起作用

名 称	电 路 图	作 用
整流电路		图中 $V_1 \sim V_4$ 为整流二极管,构成桥式整流电路,利用二极管的单向导电性,桥式整流电路将交流电压转换成单向脉动的直流电压
稳压电路		图中 V 为稳压二极管,由稳压二极管及限流电阻 R 构成的稳压电路能够输出稳定的电压

名　称	电　路　图	作　用
保护电路	L_1　V_2　$+E_c$　V_1	电路中二极管 V_2 用于保护驱动三极管 V_1。这种保护电路在继电器、直流电机等感性负载驱动电路中有广泛应用
变容电路	C_1　$+E_c$　L_1　V_1　C_d　U_i	图中 V_1 为变容二极管,工作在反偏状态,在电路中当可变电容使用,当 U_i 增大时,C_d 减小;当 U_i 减小时,C_d 增大。即通过改变变容二极管的反偏电压,可以改变 LC 并联谐振频率
开关电路	R_1　$+E_c$　U_i　IC_1　U_o　V_1　R_2	图中 V_1 为开关二极管,当 U_i 为高电平时,V_1 不导通,U_o 正常输出;当 U_i 为低电平时,V_1 导通,电压比较器的反相端电位接低,U_o 输出受影响。此电路用于过压、过流保护电路
稳压二极管限幅电路	V_1　V_2　R_1　R_2　U_i　IC_1　U_o　R_3	图中 V_1、V_2 为稳压二极管,在电路中起限幅作用。其限幅电压为 U_z+U_D,其中 U_z 为稳压二极管的反向击穿电压;U_D 为二极管的正向压降

4. 二极管的极性判别及性能检测

根据二极管正向电阻小、反向电阻大的特点,用数字或模拟万用表可判别其极性及好坏。

1) 使用模拟万用表检测二极管的方法

表 1-18 为使用模拟万用表检测二极管的极性及好坏的判别方法。

表 1-18　模拟万用表检测二极管方法

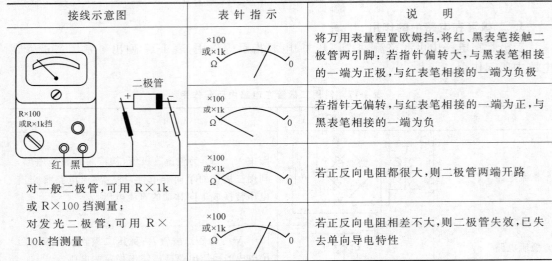

接线示意图	表针指示	说　明
二极管 R×100 或 R×1k挡 红 黑 对一般二极管,可用 R×1k 或 R×100 挡测量; 对发光二极管,可用 R×10k 挡测量	×100 或×1k Ω　0	将万用表量程置欧姆挡,将红、黑表笔接触二极管两引脚:若指针偏转大,与黑表笔相接的一端为正极,与红表笔相接的一端为负极
	×100 或×1k Ω　0	若指针无偏转,与红表笔相接的一端为正,与黑表笔相接的一端为负
	×100 或×1k Ω　0	若正反向电阻都很大,则二极管两端开路
	×100 或×1k Ω　0	若正反向电阻相差不大,则二极管失效,已失去单向导电特性

2) 使用数字万用表检测二极管的方法

表 1-19 为使用数字万用表检测二极管的极性及好坏的判别方法。

表 1-19　数字万用表检测二极管方法

接线示意图	表头指示数值	说　明
整流、稳压、开关、稳压、发光二极管等正负极测量接线图	584 1785	把数字万用表量程置在二极管挡,两表笔分别接触二极管两个电极,对一般硅二极管,若表头显示 500～700(mV),对发光二极管,表头显示 1800(mV)左右,则红表笔接触的是二极管正极,黑表笔接触的是二极管负极
	1	若表头显示为"1",则黑表笔接触的为正极,红表笔接触的是二极管负极
稳压二极管稳压值测量图	6.198	E_c 可用直流电源,也可用模拟万用表内高压电池做电源。在测量时电源电压要大于稳压二极管稳压值,使稳压二极管工作在反向击穿状态,用数字万用表电压挡测稳压二极管稳压值

1.6.3　三极管

三极管是由两个 PN 结和外部三个电极——发射极、集电极和基极组成的半导体器件,是一种电流控制型器件。由于三极管具有电压、电流和功率放大作用,用它可以组成放大、开关、振荡及各种功能的电子电路,同时也是制作各种集成电路的基本单元电路。

1. 三极管的种类

三极管的种类、型号及分类方法很多,按材料可分为硅管和锗管;按 PN 结不同的组合方式,可分为 PNP 管和 NPN 管;根据生产工艺,可分为合金型、扩散型、台面型和平面型等三极管;按功率大小,可分为大功率管、中功率管、小功率管;按工作频率分有低频管、高频管、超高频管;按功能和用途分有放大管、开关管、低噪管、振荡管、高反压管等。

2. 三极管的主要参数

三极管参数是工程实际中选择三极管的基本依据。常用小功率高频三极管的主要参数如下:

(1) 电流放大倍数 β 和 h_{FE}。β 是三极管的交流放大倍数,表示三极管对交流(变化)信号的电流放大能力,$\beta = \Delta I_c / I_b$;h_{FE} 是三极管的直流放大倍数,它是指静态(无变化信号输入)情况下,三极管 I_c 与 I_b 的比值,即 $h_{FE} = \Delta I_c / I_b$。

(2) 集电极最大电流 I_{CM}。集电极电流大到三极管所允许的极限值称为集电极最大允许电流。使用三极管时,集电极电流不能超过 I_{CM} 值。

(3) 集电极最大允许耗散功率 P_{CM}。三极管工作时,集电结要承受较大的反向电压和通过较大的电流,因消耗功率而发热。当集电极所消耗的功率过大时,就会产生高温而烧坏。因此规定三极管集电极温度升高到不至于将集电结烧坏所消耗的功率为集电极最大耗散功率。三极管在使用时,不能超过这个极限。

(4) 集电极-发射极击穿电压 BU_{CEO}。集电极-发射极击穿电压是指三极管基极开路时,允许加在集电极与发射极之间的最高电压值。通常情况下 c、e 极间电压不能超过 BU_{CEO},否则会引起管子击穿损坏。所以加在集电极的电压不能高于 BU_{CEO}。一般应取 BU_{CEO} 高于电源电压的一倍。

(5) 集电极-发射极反向电流 I_{CEO}。集电极-发射极反向电流是指三极管基极开路时,集电极、发射极间的反向电流,俗称反向电流。I_{CEO} 应越小越好。

(6) 集电极反向电流 I_{CBO}。集电极反向电流是指三极管发射极开路时,集电结的反向电流。

(7) 特征频率 f_T。三极管工作频率达到一定的程度时,电流放大倍数 β 要下降,β 下降到 1 时的频率称为特征频率。

常用大、中、小功率三极管主要参数如表 1-20 所示。

表 1-20　常用大、中、小功率三极管主要参数

型　号	极　性	BU_{CEO}/V	I_{CM}/A	P_{CM}/W	h_{FE}	f_T/MHz
9011	NPN	30	0.30	0.40	30~200	150
9012	PNP	−20	0.50	0.63	90~300	150
9013	NPN	20	0.50	0.63	90~300	150
9014	NPN	50	0.10	0.45	60~1000	150
9015	PNP	−50	0.10	0.45	60~600	100
9016	NPN	20	0.1	0.40	55~600	500
9018	NPN	15	0.05	0.40	40~200	700
8050	NPN	25	1.50	1	85~300	100
8550	PNP	−25	1.50	1	85~300	100
2N5551	NPN	160	0.60	1	80~400	50
2N5401	PNP	−150	0.60	1	80~400	50
2SA1301	PNP	−160	12	120	55~160	30
2SC3280	NPN	160	12	120	55~160	30

3. 三极管的工作状态

三极管有截止、放大、饱和三种工作状态,但作为开关元件时,只能工作在饱和区和截止区,放大区仅是由饱和到截止或由截止到饱和的过渡区。当加在硅管的基极与发射极间的电压 $V_{be} \approx 0.7V$ 时,三极管就处于饱和导通状态,此时的管压降 V_{ce} 为 0.1~0.3V,所以三极管饱和导通时如同闭合的开关;而当 $V_{be} \leq 0.5V$ 时,三极管便转入截止区,如同断开的开关。这就是三极管的开关特性,三极管作为开关元件正是利用了这个特性。

当三极管作为放大元件时,放大区内电流 I_c 的变化随 I_b 成正比例变化。表 1-21 列出了三极管(以硅材料三极管为例)工作在不同状态下三极电极呈现的电压、电流关系。

表 1-21 三极管工作在不同状态下三个电极呈现的电压、电流关系

工 作 状 态	三极管三个电极的电压与电流的关系	示 图
截止状态	$U_{be}<0.5V$,$I_b=0$,$I_c=0$,三极管 c、e 极如同一个断开的开关	
放大状态	$U_{be}\approx0.5\sim0.7V$,$I_c=\beta I_b$,即基极电流能够有效控制集电极电流；三极管集电结反偏,发射极正偏,即 $U_c>U_b>U_e$,三极管起线性放大作用	
饱和状态	$U_{be}\approx0.7V$,$U_{ce}\approx0.1\sim0.3V$,三极管集电结、发射结都处于正偏,即 $U_b>U_c>U_e$,三极管 c、e 极如同一个闭合的开关	

4. 三极管在电路中所起作用

三极管在电路中除了起放大作用外,还可起无触点开关等作用。三极管在电路中所起的作用如图 1-15 所示。

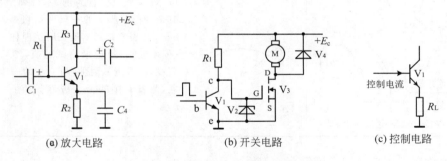

(a) 放大电路　　　　　　(b) 开关电路　　　　　　(c) 控制电路

图 1-15 三极管在电路中的作用

（1）放大电路　三极管主要用于电流、电压、功率的放大,图 1-15(a)中三极管起电压放大作用。

（2）开关电路　三极管是各种驱动电路的主要元器件,图 1-15(b)中三极管 V_1 工作在开关状态,驱动场效应管 V_3 工作。

（3）控制电路　三极管是各种控制电路中的主要元器件,通过调整基极电流,改变集电极电流,从而改变三极管 c、e 之间的电压。

5. 三极管的检测

用万用表判别三极管极性的依据是：NPN 型三极管基极到发射极和集电极均为 PN 结的正向,参见图 1-16(a),而 PNP 型三极管基极到集电极和发射极均为 PN 结反向,参见图 1-16(b)。

1）用模拟万用表检测三极管

表 1-22 介绍了用模拟万用表检测三极管的方法。

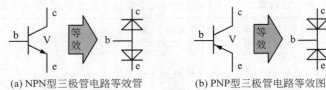

(a) NPN型三极管电路等效管　　　　(b) PNP型三极管电路等效图

图 1-16　三极管电路图及等效图

表 1-22　模拟万用表检测三极管方法

接线示意图	表针指示	说　明
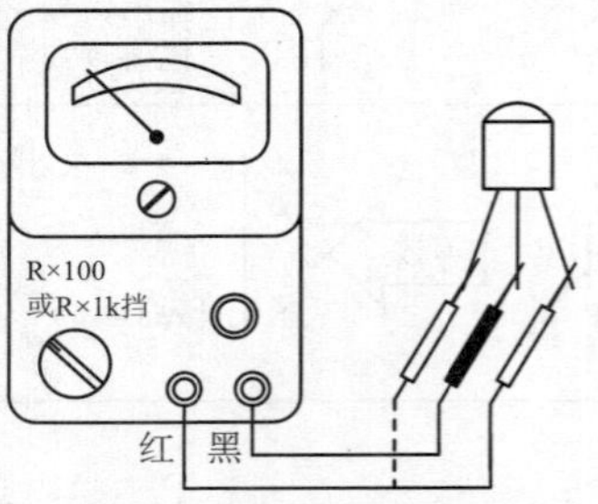 R×100或R×1k挡　　红　黑　三极管的基极及管型示意图	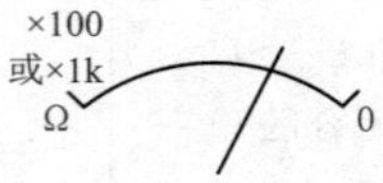 ×100或×1k　Ω　0	对于功率在 1W 以下的中小功率管，用 R×100 或 R×1k 挡测量；对于功率大于 1W 以上的大功率管，用 R×1 或 R×10 挡测量。用黑(红)表笔接触三极管某一管脚，用红(黑)表笔分别接触另两个管脚，如表头指针偏转大，则与黑(红)表笔接触的那一管脚为基极，该管为 NPN(PNP)型三极管
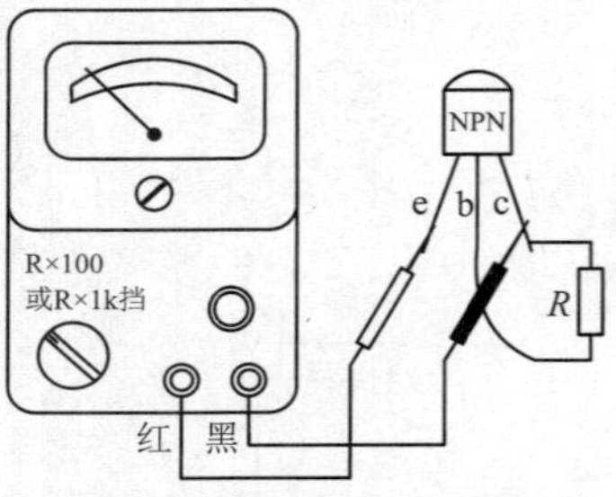 R×100或R×1k挡　　红　黑　三极管发射极、集电极示意图	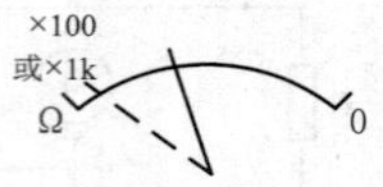 ×100或×1k　Ω　0	以 NPN 型三极管为例，基极确定后，假定其余的两只脚中的一只为 c，将黑表笔接到 c 极，红表笔接到 e 极。用手捏住 c、b 两极(但不能相碰)记录测试阻值，然后作相反假设，记录测试阻值，阻值小的一次假设成立，黑表笔接的为 c 极，剩下的一只脚为 e 极

2）用数字万用表检测三极管

表 1-23 介绍了用数字万用表三极管检测三极管的方法。

表 1-23　数字万用表检测三极管的方法

接线示意图	表头指示数值	说　明
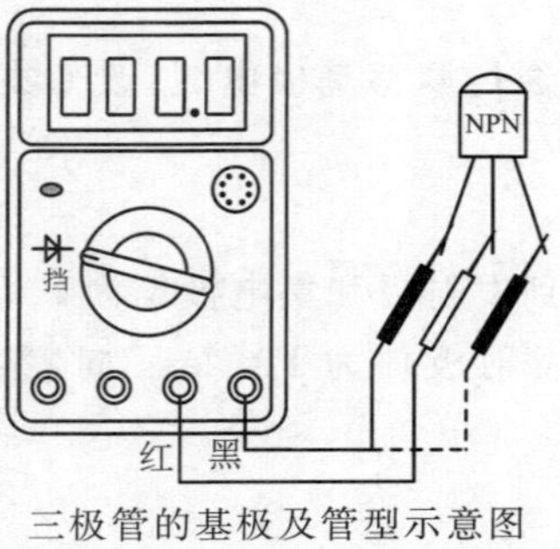 挡　　红　黑　三极管的基极及管型示意图	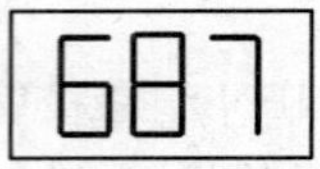 687	将数字万用表量程开关置二极管挡，将红(黑)表笔接三极管的某一个管脚，黑(红)表笔分别接触其余两个管脚，若两次表头都显示 0.5～0.8V(硅管)，则该管为 NPN(PNP)型三极管，且红(黑)表笔接的是基极

续表

接线示意图	表头指示数值	说　明
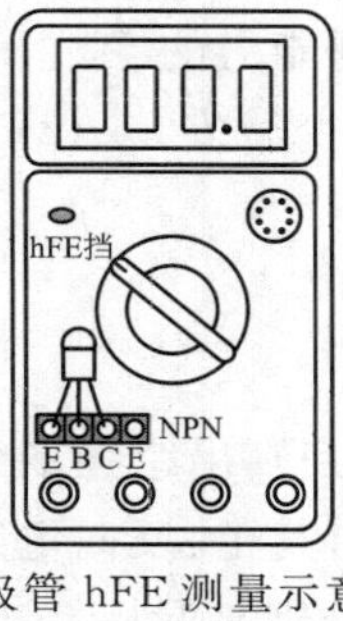 三极管 hFE 测量示意图	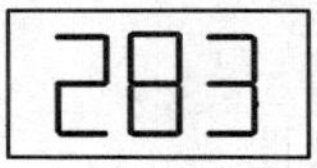 283	将数字万用表量程开关置 hFE 挡。对于小功率三极管,在确定了基极及管型后,分别假定另外两电极,直接插入三极管测量孔,读放大倍数 hFE 值,放大倍数 hFE 值大的那次假设成立。注意:用 hFE 挡区分中小功率三极管的 c、e 极时,如果两次测出的 hFE 值都很小(几到几十),说明被测管的放大能力很差,这种管子不宜使用;在测量大功率三极管的 hFE 值时,若为几至几十,属正常

3)在路检测三极管好坏

所谓"在路检测",是指不将三极管从电路中焊下,直接在电路板上进行测量(电路断电),以判断其好坏。以 NPN 型三极管为例,用数字万用表二极管挡将红表笔接被测三极管的基极 b,用黑表笔依次接发射极 e 及集电极 c,若数字万用表表头两次都显示 0.5~0.8V,则认为管子是好的。如表头显示值小于 0.5V,则可检查管子外围电路是否有短路的元器件,如没有短路元件则可确定三极管有击穿损坏;如表头显示值大于 0.8V,则很可能是被测三极管的相应 PN 结有断路损坏,应将管子从电路中焊下复测。

1.6.4　场效应管

场效应管是一种输入阻抗很高的半导体器件,属于电压控制器件,在电路中起信号放大、开关等作用,其输入阻抗高、功耗低、热稳定性好、高频特性好,性能优于三极管。

根据构造和工艺的不同,场效应管分为结型和绝缘栅(MOSFET)两大类。前者因有两个 PN 结的结构故称为结型;后者的栅极为绝缘体而与其他电极完全绝缘故称为绝缘栅型。这两类场效应管均有源极(S)、栅极(G)和漏极(D)三个电极。图 1-17 所示为 MOS 场效应管电路符号。

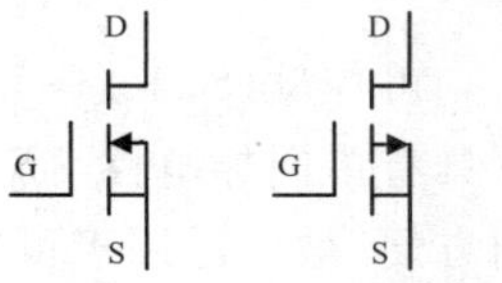

(a) N沟道　　(b) P沟道

图 1-17　MOS 场效应管电路符号

1. 场效应管的主要参数

场效应管主要参数有如下几种:

(1)夹断电压 U_P。当 U_{DS} 为某一固定数值,使 I_{DS} 等于某一微小电流时,栅极上所加的偏压 U_{GS} 就是夹断电压 U_P。

(2)开启电压 U_T。当 U_{DS} 为某一固定值时,使漏、源极开始导通的最小的 U_{GS} 即为开启电压 U_T。

(3)饱和漏电流 I_{DSS}。在源、栅极短路条件下,漏、源极间所加的电压大于 U_P 时的漏极电流称为 I_{DSS}。

(4)击穿电压 BU_{DS}。击穿电压表示漏、源极间所能承受的最大电压,即漏极饱和电流开始上升进入击穿区时对应的 U_{DS}。

(5)直流输入电阻 R_{GS}。直流输入电阻是指在一定的栅源电压下,栅、源之间的直流电阻,这一特性又以流过栅极的电流来表示,结型场效应管的 R_{GS} 可达 $10^9\,\Omega$,而绝缘栅场效应管的 R_{GS} 可超过 $10^{13}\,\Omega$。

(6) 低频跨导 g_m。漏极电流的微变量与引起这个变化的栅源电压微变量之比,称为跨导,即 $g_m = \Delta I_D / \Delta U_{GS}$。它是衡量场效应管栅源电压对漏极电流控制能力的参数,也是衡量放大作用的重要参数,常以栅源电压变化 1V 时,漏极相应变化多少微安($\mu A/V$)或毫安(mA/V)来表示。

2. 场效应管检测

1) 用测电阻法判别结型场效应管的极性

根据结型场效应管的 PN 结正、反向电阻值不一样的特点,可以判别出结型场效应管的三个电极。将模拟万用表拨在 R×1k 挡上,任选两个电极,分别测出其正、反向电阻值。当某两个电极的正、反向电阻值相等,且为几千欧姆时,则该两个电极分别是漏极 D 和源极 S。因为对结型场效应管而言,漏极和源极可互换,剩下的电极肯定是栅极 G。也可以将万用表的黑表笔(红表笔也行)任意接触一个电极,另一只表笔依次去接触其余的两个电极,测其电阻值。当出现两次测得的电阻值近似相等时,则黑表笔所接触的电极为栅极,其余两电极分别为漏极和源极。若两次测出的电阻值均很大,说明是 PN 结的反向,即都是反向电阻,可以判定是 N 沟道场效应管,且黑表笔接的是栅极;若两次测出的电阻值均很小,说明是正向 PN 结,即是正向电阻,判定为 P 沟道场效应管,黑表笔接的也是栅极。若不出现上述情况,可以调换黑、红表笔按上述方法进行测试,直到判别出栅极为止。

2) 用数字表检测 N 沟道 MOS 场效应管极性

由于大多数 MOS 场效应管在 D、S 之间内接一个体内二极管,利用该二极管就很容易判断出三个管脚。将数字万用表量程开关置二极管挡,将红表笔接 MOS 管的某一个管脚,黑表笔去接另一管脚,若表头显示为 0.5~0.7V,则红表笔接的为源极,黑表笔接的为漏极,剩余的一个管脚为栅极。

1.6.5 可控硅

可控硅(SCR)是可控硅整流器的简称,也叫晶闸管,它只有导通和关断两种状态。它不仅具有单向导电性,而且还具有可贵的可控性。可控硅体积小、重量轻、效率高、寿命长、控制方便,被广泛用于可控整流、调压、逆变以及无触点开关等各种自动控制和大功率的电能转换的场合。图 1-18 为几种常见可控硅的实物图。

(a) 金属封装的可控硅　　　(b) 塑料封装的可控硅　　　(c) 可控硅模块

图 1-18　可控硅实物图

1．可控硅种类

常见可控硅的种类有单向、双向、可关断、光控、逆导等多种类型。

1）单向可控硅

图 1-19 所示为单向可控硅的结构、等效电路和电路符号。由结构图可见，单向可控硅是由 PNPN 四层半导体构成的。

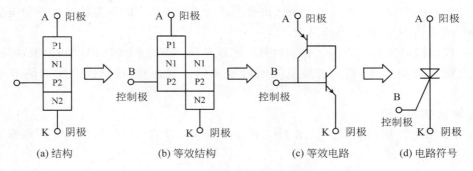

(a) 结构　　　　　(b) 等效结构　　　　　(c) 等效电路　　　　　(d) 电路符号

图 1-19　单向可控硅的结构、等效电路及电路符号

单向可控硅从截止到导通必须同时满足两个条件：一是可控硅阳极 A 电位应高于阴极 K 电位，二是在控制极 G 提供适当的正向控制电压和电流。如阳极电位始终高于阴极电位，且阳极电流大于可控硅特定的维持电流，无控制极信号仍可维持可控硅导通。当阳极电位低于阴极电位，或阳极电流小于维持电流时，可控硅从导通变为关断。与具有两个 PN 结的三极管相比，可控硅对控制极电流没有放大作用。

2）双向可控硅

双向可控硅的结构及电路符号如图 1-20 所示。由图可见双向可控硅实质上是两个反并联的单向可控硅，是由 NPNPN 五层半导体形成 4 个 PN 结构成、有三个电极的半导体器件。三个电极分别为第一阳极 T_1、第二阳极 T_2、控制极 G。T_1 和 T_2 无论加正电压或反向电压都能触发导通，而且无论触发信号的极性是正或是负，都可触发双向可控硅使其导通。由于可控硅具有两个方向轮流导通、关断的特性，主要用于交流控制电路，如温度控制、灯光控制、防爆交流开关以及直流电机调速和换向等电路。

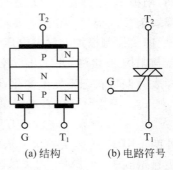

(a) 结构　　　(b) 电路符号

图 1-20　双向可控硅的结构及电路符号

3）可关断可控硅

可关断可控硅多为高压、大电流器件，是针对单向可控硅导通后无法控制关断而设计的。当控制极（门极）加负向触发信号时可控硅能自行关断。它广泛用于逆变电路、变频电路及各种开关电路等。

2．可控硅的主要参数

可控硅的主要参数如下：

（1）正向阻断峰值电压（V_{DRM}）。正向阻断峰值电压是指在控制极开路、正向阻断条件下，可以重复加在元器件上的正向电压峰值。

（2）反向峰值电压（V_{RRM}）。反向峰值电压是指在控制极断路和额定结温下，可以重复加在元器件上的反向电压峰值。

（3）正向平均压降（V_F）。正向平均压降是指在规定的条件下,元器件通过额定正向平均电流时,在阳极与阴极之间电压降的平均值。

（4）额定通态平均电流（I_T）。额定通态平均电流是指在标准散热条件下,当元器件的单向导通角大于或等于170°时,允许通过的最大交流正弦电流的有效值。

（5）维持电流（I_H）。维持电流是保持可控硅处于导通状态时所需的最小正向电流。控制极和阴极电阻越小,维持电流越大。

（6）控制极触发电压（V_G）。控制极触发电压是指在规定的环境温度和阳极、阴极间为一定的正向电压条件下,使可控硅从阻断转变为导通状态时,控制极上所加的最小直流电压。

3. 可控硅的检测

根据可控硅的 PN 结结构（见图 1-19 和图 1-20）,可以测出可控硅极性。而根据工作原理,也不难判断其好坏。

1）单向可控硅检测

（1）用模拟万用表进行单向可控硅的极性及好坏检测

① 极性判别。选指针式模拟万用表 R×100Ω 或 R×1kΩ 挡,分别测量各电极间的正反向电阻。若测得的其中两个电极间阻值较大,调换表笔后其阻值较小,此时黑表笔所接电极为控制极 G,红表笔所接电极为阴极 K,余者为阳极 A。

② 好坏判别。模拟万用表量程置在 R×10kΩ 挡,测单向可控硅控制极 G 与阳极 A 之间,阳极 A 与阴极 K 之间的正反向电阻应为无穷大。再将模拟万用表量程置在 R×1Ω 挡,黑表笔接阳极 A,红表笔接阴极 K,黑表笔在保持阳极 K 接触的情况下,再与控制极 G 接触,即给控制极加上触发电压。此时单向可控硅导通,阻值减小,表针偏转。然后黑表笔保持与阳极 A 接触,并断开与控制极 G 的接触。若断开控制极 G 后可控硅仍维持导通状态,即表针偏转状态不发生变化,则说明可控硅正常。

（2）用数字万用表进行单向可控硅的极性及好坏检测

① 极性判别。将数字万用表量程开关置二极管挡,红表笔接一引脚,黑表笔先后接另外两个引脚,若表头一次显示 0.5~0.8V,另一次显示"1",说明红表笔接的是控制极 G,表头显示 0.5~0.8V 时黑表笔接的是阴极 K,余者为阳极 A。

② 好坏判别。数字万用表二极管挡所提供的测试电流仅有 1mA 左右,故只能用于小功率可控硅检测。将数字万用表量程开关置二极管挡,红表笔接触阳极 A,黑表笔接阴极 K,表头显示为"1"。红表笔在保持与阳极 A 接触的情况下与控制极 G 相接,此时管子应能转为导通状态。表头显示值由"1"转变为 0.8V 左右,随后将红表笔脱离控制极 G,被测管应能继续维持导通状态,表头显示仍为 0.8V 左右,则表明管子正常。

2）双向可控硅检测

根据双向可控硅的结构可知,控制极 G 与第一阳极 T_1 较近,与第二阳极 T_2 较远,故控制极 G 与第一阳极 T_1 间的正反向电阻都较小,而第二阳极 T_2 与控制极 G 之间、第二阳极 T_2 与第一阳极 T_1 之间正反向电阻都为无穷大,这样很容易判别双向可控硅第二阳极。

（1）用模拟万用表进行双向可控硅的极性及好坏检测

① 极性判别。根据双向可控硅的特点很容易区分第二阳极 T_2。区分出 T_2 后,将万用

表置 R×1Ω 挡,假设一脚为 T_1,并将黑表笔接在假设的 T_1 上,红表笔接在 T_2 上,保持红表笔与 T_2 相接触,红表笔再与 G 极短接,即给 G 极一个负极性触发信号,双向可控硅导通,内电阻减小,表针偏转。可控硅导通方向为 $T_1 \rightarrow T_2$。在保持红表笔与 T_2 极相接触的情况下,断开 G 极,此时可控硅应能维持导通状态。然后将红、黑表笔调换,保持黑表笔与 T_2 相接触,黑表笔再与 G 极短接,即给 G 极一个正极性触发信号,双向可控硅导通,内电阻减小,表针偏转。可控硅导通方向为 $T_2 \rightarrow T_1$。在保持黑表笔与 T_2 极相接触的情况下,断开 G 极,此时可控硅应能维持导通状态。因此该管具有双向触发特性,且上述假设正确。

② 好坏判别。双向可控硅具有双向触发能力,则该双向可控硅正常。若无论怎样检测均不能使双向可控硅触发导通,表明该管已损坏。

(2) 用数字万用表进行单向可控硅的极性及好坏检测

将数字万用表量程开关置二极管挡,将红黑表笔分别接触管子的任意两个引脚,若表头显示值为 0.1~1V(该电压记为 T_1 与 G 之间的压降 U_{GT1}),另一个未接表笔引脚为 T_2。用红表笔接已测出的 T_2,黑表笔接其余两引脚的任一个(假设为 T_1),此时表头显示"1",再保持红表笔与 T_2 相接触,红表笔再与 G 极短接,如果表头显示值比 U_{GT1} 略低,说明管子已被触发导通,以上假定成立,即黑表笔所接的引脚为 T_1;如果表头仍为 U_{GT1},则需将黑表笔改接另一引脚重复上述步骤。

1.6.6 半导体分立器件的选用注意事项

1. 二极管

(1) 切勿使二极管的电压、电流超过规定的器件极限值,并应根据设计原则选取一定的裕量。点接触二极管工作频率高,承受高电压和大电流能力差,一般用于小电流整流、高频开关电路中;面接触二极管适用于工作频率较低,工作电压、电流较大的场合,一般用于低频整流电路中。

(2) 允许使用小功率的电烙铁进行焊接,焊接时间应该小于 5s,在焊接点接触型二极管时,要注意保证焊点与管芯之间有良好的散热。

(3) 玻璃封装的二极管引线的弯曲处距离管体不能太小,至少 2mm。

(4) 安装二极管的位置尽可能不要靠近电路中的发热元件。

(5) 接入电路时要注意二极管的极性。

2. 三极管

使用三极管的注意事项与二极管基本相同,此外还要补充几点:

(1) 安装时要分清不同电极的管脚位置,焊点距离管壳不得太近。

(2) 大功率管的散热器与管壳的接触面应该平整光滑,中间应该涂抹有机硅脂以便导热并减少腐蚀;要保证固定三极管的螺丝钉松紧一致。

(3) 对于大功率管,在使用中要防止二次击穿。

3. 场效应管

(1) 结型场效应管和一般晶体三极管的使用注意事项相同。

(2) 对于绝缘栅型场效应管,应该特别注意避免栅极悬空,即栅、源两极之间必须保持直流通路。因为它的输入阻抗非常高,所以栅极上的感应电荷就很难通过输入电阻泄漏,电荷的积累使静电电压升高,尤其是在极间电容较小的情况下,少量的电荷会产生很高的电压,以至往往管子还未使用,就已被击穿或出现指标下降的现象。

为避免上述原因对绝缘栅型场效应管造成损坏,在存储时应把场效应管的三个电极短路;在采用绝缘栅型场效应管的电路中,通常在它的栅、源两极之间接入一个电阻或稳压二极管,使积累的电荷不致过多或使电压不致超过某一界限;焊接、测试时应该采取防静电措施,电烙铁和仪器等要有良好的接地线;使用绝缘栅型场效应管的电路和整机、外壳必须良好接地。

4. 可控硅

(1) 要满足电路对可控硅主要参数的要求。

(2) 在直流电路中可以选用单向或双向可控硅,当用在以直流电源接通或断开来控制功率的直流削波电路中,由于要求的判断时间短,需选用高频可控硅。

(3) 选用双向可控硅时,应选用管子的额定电流值大于负载电流有效值,对电容性负载还应加过电流保持。

(4) 在使用可关断管时,对控制极导通与关断最好采用强触发,使管子能可靠稳定工作。为实现强触发,控制极触发脉冲电流一般应为额定触发电流的 3～5 倍。为防止管子误导通,减小关断损耗,要限制管子的 $\mathrm{d}u/\mathrm{d}t$ 的比值,需在管子两端并联阻容器件。

1.7 半导体光电器件

光电二极管和光电三极管均为红外线接收管。它能把接收到的光的变化变成电流的变化,经过放大及信号处理,用于各种控制目的。除用于红外线遥控外,还在光纤通信、光纤传感器、工业测量与自动控制、火灾报警传感器、光电转换仪器、光电读出装置(条形码读出器、考卷自动评阅机等)、光电耦合等方面得到广泛应用。

1.7.1 光电二极管

光电二极管是一种光电变换器件,它和普通二极管一样,是由 PN 结组成的半导体器件,具有单向导电性。不同之处是在光电二极管的外壳上有一个透明的窗口以接收光线照射,实现光电转换,在电路图中文字符号一般为 VD。

光电二极管工作在反向状态。其工作原理是在一定条件下,当光照到半导体光窗内PN 结上时被吸收的光能就转变成电能。无光照时,反向电流(暗电流)非常微弱;有光照时,反向电流迅速增大,称为光电流。光照强度越强,光电流越大。光电二极管的电路符号如图 1-21(a)所示。

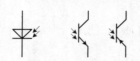

(a) 光电二极管　(b) 光电三极管

图 1-21　光电器件的电路符号

光电二极管检测:首先根据外壳上的标记判断其极性,外壳标有色点的管脚或靠近管键的管脚为正极,另一管脚为负极。如无标记可用一块黑布遮住其接收光线信号的窗口,将万用表置 R×1kΩ 挡测出正极和负极,同时测得其正向电阻应在 10～20kΩ 间,其反向电阻应为无穷大,表针不动。然后去掉遮光黑布,光电二极管接收窗口对着光源,此时万用表表针应向右偏转,偏转角度大小说明其灵敏度高低,偏转角度越大,灵敏度越高。

1.7.2　光电三极管

光电三极管的结构与普通三极管基本相同,其工作原理与光电二极管相同,光电三极管外壳也有一个透明窗口,以接收光线照射。光电三极管因输入信号为光信号,所以通常只有集电极和发射极两个引脚线。其电路符号如图1-21(b)所示。

光电三极管和一般三极管的不同之处是,利用光来改变输出的光电流。它可以获得比一般光电二极管大得多的输出电压,适用于光电开关、光电计数器、烟雾探测器等电路应用。

光电三极管检测:光电三极管管脚较长的是发射极,另一管脚是集电极。检测时首先选一块黑布遮住其接收窗口,将万用表置R×1kΩ挡,两表笔任意接两管脚,测得结果其表针都不动(电阻无穷大),再移去遮光布,万用表指针向右偏转至15~35kΩ,其向右偏转角度越大说明其灵敏度越高。

1.7.3　光电耦合器

光电耦合器是以光为媒介,用来传输电信号的器件。把半导体发光器件和光敏器件组合封闭装在一起,当输入端加电信号时,发光器件发出光线,光敏器件接受光照后就产生光电流,由输出端引出,从而实现"电-光-电"转换。由于光电耦合器具有抗干扰能力强、使用寿命长、传输效率高等特点,可广泛用于电气隔离、电平转换、级间耦合、开关电路、脉冲放大、固态继电器、仪器仪表和微型计算机接口电路中。

光电耦合器的种类较多,常见的有4种结构,见表1-24。

表1-24　常用光电耦合器的结构及特点

类　型	特　点	内部电路
第一类	为发光二极管与光电晶体管封装的光电耦合器,结构为双列直插4引脚塑封,主要用于开关电源电路中	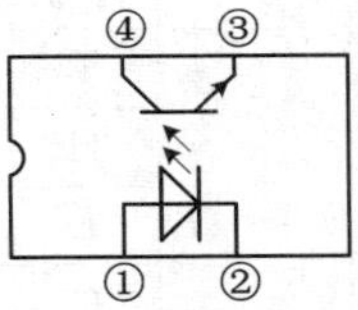
第二类	为发光二极管与光电晶体管封装的光电耦合器,主要区别是引脚结构不同,结构为双列直插6引脚塑封,也用于开关电源电路中	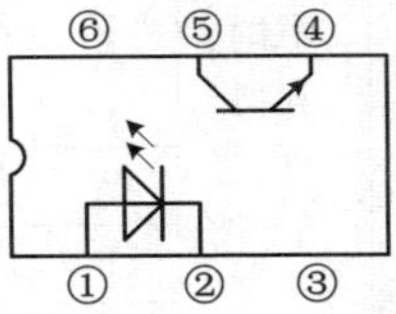
第三类	为发光二极管与光电晶体管(附基极端子)封装的光电耦合器,结构为双列直插6引脚塑封,主要用于AV转换音频电路中	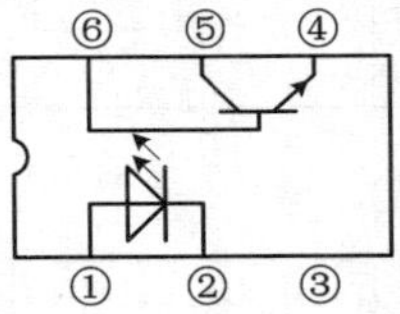
第四类	为发光二极管与光电二极管加晶体管(附基极端子)封装的光电耦合器,结构为双列直插8引脚塑封,主要用于AV转换视频电路中	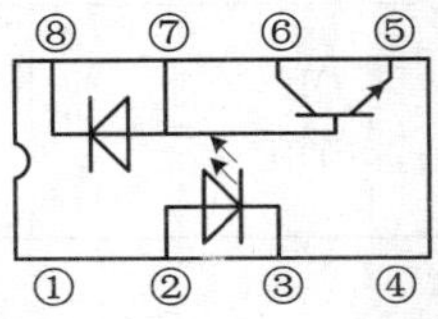

可用数字万用表来检测光电耦合器,以表 1-24 中第三类光电耦合器为例,检测时将光电耦合器内接二极管的正极端①脚和负极端②脚分别插入数字万用表 hFE 的 c、e 插孔内,此时数字万用表置于 NPN 挡;然后将光电耦合器内接光电三极管 c 极⑤脚接指针式万用表的黑表笔,e 极④脚接红表笔,并将指针式万用表拨在电阻 R×1kΩ 挡。这样就能通过指针式万用表指针的偏转角度(光电流的变化)来判断光电耦合器的好坏。指针向右偏转角度越大,说明光电耦合器的光电转换效率越高,即传输比越高,反之越低;若表针不动,则说明光电耦合器已损坏。

1.8　集成电路

集成电路是利用半导体工艺或厚膜、薄膜工艺,将电阻、电容、二极管、三极管、场效应管等元器件按照设计要求连接起来,制作在同一硅片上,形成一个具有特定功能的电路。集成电路具有体积小、重量轻、功耗小、性能好、可靠性高、电路稳定等优点。

1.8.1　集成电路的型号命名

我国集成电路的型号命名采用与国际接轨的准则,如表 1-25 所示。表 1-26 列出的是几种常见集成电路封装形式。

表 1-25　集成电路型号命名

第零部分		第一部分		第二部分	第三部分		第四部分	
用字母表示器件符合国家标准		用字母表示器件的类型		用数字表示器件系列和品种代号	用字母表示器件的工作温度范围		用字母表示器件的封装	
符号	意义	符号	意义	意义	符号	意义	符号	意义
C	中国制造	T	TTL	与国际接轨	C	0～70℃	W	陶瓷扁平
		H	HTL		E	−40～85℃	B	塑料扁平
		E	ECL		R	−55～85℃	F	全密封扁平
		C	CMOS		M	−55～125℃	D	陶瓷直插
		F	线性放大器				P	塑料直插
		D	音响,电视电路				J	黑陶瓷直插
		W	稳压器				K	金属菱形
		B	非线性电路				T	金属圆形
		M	存储器					
		μ	微型机电路					

表 1-26　部分常见集成电路封装形式

代　号	图　例	代　号	图　例
DIP FDIP		PGA	

续表

代　号	图　例	代　号	图　例
ZIP		PLCC	
SIP		HSOP28	
LQFP BQFP		SOJ	
TO		SOP TSOP	

1.8.2　集成电路的分类

1. 按功能分类

集成电路按功能可分为数字集成电路和模拟集成电路。

模拟集成电路有运算放大器、功率放大器,音响电视电路、模拟乘法器,模/数和数/模转换器,稳压电源等许多种。其中集成运算放大器是最为通用、品种和数量最为广泛的一种。

数字集成电路中,小规模集成电路有多种门电路;中规模集成电路(数百个门)有数据选择器、编/译码器、触发器、计数器、寄存器等;大规模(数万个门)或超大规模集成电路有可编程逻辑器件(PLD)和专用集成电路(ASIC)等。

2. 按芯片工艺及性能分类

集成电路按制造工艺,可以分为半导体集成电路、薄膜集成电路、厚膜集成电路和混合集成电路;在数字集成电路中,根据芯片的工艺设计以及性能,分为 TTL 系列、CMOS 系列、ECL 系列。其中 TTL 系列可满足一般场合的需要;ECL 系列可满足低电压高速度应用;而 CMOS 系列则常用于低功耗的系统中。

1.8.3　集成电路的检测

1. 电阻法

通过测量集成电路各引脚对地正、反向电阻,与器件参考资料或另一块好的集成电路进行比较,从而作出判断。

当含有集成器件的印制电路单元功能不正常,又没有对比资料的情况下,只能使用间接电阻法测量,即通过测量集成电路引脚外围元件(如电阻、电容、三极管)好坏,以"排除法"来判断。若外围元件没有损坏,则集成电路有可能损坏。

2. 电压法

测量集成电路引脚对地的动、静态电压,与线路图或其他资料所提供的参考电压进行比较,若引脚电压有较大差别,其外围元件又没有损坏,则集成电路有可能损坏。

3. 波形法

用示波器测量集成电路各引脚波形是否与原设计相符,若发现有较大区别,其外围元件又没有损坏,则集成电路有可能损坏。

4. 替换法

用相同型号的集成电路替换试验,若电路恢复正常,则集成电路已损坏。

1.8.4 使用集成电路的注意事项

在产品原理设计、PCB布板、元件安装焊接、调试检验等各个环节中,都应该注意到各种类型集成电路的技术规范和使用要求。

1. 设计与参数配合

在使用集成电路时,其负荷不允许超过极限值;当电源电压变化不超过其额定值 $\pm 10\%$ 的范围内,集成电路的电气参数应符合规定的标准。

输入信号的电平不得超过集成电路电源电压的范围(即输入信号的上限不得高于电源电压的上限,输入信号的下限不得低于电源电压的下限,对于单个正电源供电的集成电路,输入电平不得为负值)。同时使用不同工艺(TTL、ECL、CMOS)的逻辑电路系统中应考虑电平接口问题,必要时应加入电平转换电路。

数字集成电路的负载能力一般用扇出系数 N_o 表示,但它所指的情况是用同类门电路作为负载。当负载是继电器或发光二极管等需要一定驱动电流的元器件时,应该在集成电路的输出端增加驱动电路。

使用模拟集成电路前要仔细查阅它的技术说明书和典型应用电路,特别注意外围元件的配置,保证工作电路符合规范。对线性放大集成电路,要注意调零,防止信号堵塞,消除自激振荡。

在使用高速IC(TTL、ECL、HCMOS等)时,由于其转换速度极快,容易产生射频干扰。因此,要避免引长线交叉或长线并接,还要在芯片的电源与地之间加 $10\mu F$ 以上的电容去耦,以防止高频尖脉冲导致逻辑的错误。

2. PCB布板设计

一般情况下,数字集成电路的多余输入端不允许悬空,否则容易造成逻辑错误。“与门”、“与非门”的多余输入端应该接电源正端,“或门”、“或非门”的多余输入端应该接地(或电源负端)。

在具有模拟和数字混合的电路中,除注意电平外,还要注意数字电路部分对模拟电路的干扰问题,电路设计和实际安装时要把二者分开,并在电路上采取一定的屏蔽措施(例如加入光电隔离电路、地线系统分开等)。

3. 焊接与安装

在手工焊接电子产品时,电烙铁应良好接地,一般应该最后装配焊接集成电路。不得使用大于45W的电烙铁,每次焊接最长时间视器件散热条件而定,器件、管脚或电路板相应导热区小者时间宜短,一般不宜超过 $3\sim5s$。

集成电路的使用温度一般在 $-30\sim+85℃$ 之间。系统布局时,应使集成电路远离热源。

4. 调试操作

在接通或断开电源瞬间,不得有高电压产生,即不带电插拔元件或接口插座,否则将会击穿集成电路。通电态不允许触摸 MOS 器件。

对于 MOS 集成电路,要特别防止栅极静电感应击穿。一般测试仪器(特别是信号发生器和交流测量仪器)和线路本身,均需有良好接地。当 MOS 电路的源-漏电压加载时,若栅极输入端悬空,很容易因静电感应造成击穿,损坏集成电路。对于使用机械开关转换输入状态的电路,为避免输入端在拨动开关时的瞬间悬空,应该接一个几十千欧的电阻到电源正极(或负极)上。即使在存储 MOS 集成块时,也必须将其收藏在金属盒内或用金属箔包装起来(外引线全部短路),防止外界电场将栅极击穿。

在工业化生产中,集成电路的工艺性筛选将在保证整机产品的可靠性中起关键作用。

1.9 开关和继电器

1.9.1 开关

开关在电子设备中起接通和切断电源或信号的作用。开关大多数采用操作方便、价廉可靠的手动式机械结构。随着技术的发展,各种非机械结构的开关层出不穷,如气动开关、水银开关以及高频振荡式、电容式、霍尔效应式的接近(感应)开关等。图 1-22 为几种常用开关的电路符号。

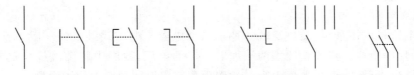

一般开关　手动开关　按钮开关　旋钮开关　拉拨开关　单极多位开关　多极多位开关

图 1-22　几种常用开关的电路符号

开关按动作方式可分为:旋转式(波段开关,一般多为多级多位)、按动式(按钮开关、键盘开关、琴键开关、船形开关)、拨动式(钮子开关、滑动开关)。几种常用机械式开关的外形见图 1-23。

(a) 波段开关　　(b) 船形开关　　(c) 琴键开关　　(d) 钮子开关　　(e) 滑动开关

图 1-23　常见机械式开关外形图

开关的主要参数如下:

(1)额定电压。指在正常工作状态下开关能容许施加的最大电压,对交流电源开关指交流电压有效值。

(2)额定电流。指在正常工作状态下开关所容许通过的最大电流。交流电路中指交流电流有效值。

（3）接触电阻。开关接通时，接触点间的电阻值叫做接触电阻。该值要求越小越好，一般开关多在 0.02Ω 以下。

（4）绝缘电阻。指定的不相接触开关导体之间的电阻，此值越大越好。一般开关多在 $100M\Omega$ 以上。

（5）耐压（抗电强度）。指定的不相接触的开关导体之间所承受的电压。一般开关耐压至少大于 $100V$，其中电源（市电）开关要求大于 $500V$。

（6）寿命。指开关正常条件下能工作的动作次数（或有效时间）。通常要求开关的使用次数为 $5000 \sim 10000$ 次以上。

对一般的电子制作实验来讲，选用及调换开关时，除了需考虑型号或外形等外，参数方面只需考虑额定电压、额定电流和接触电阻。

单极开关触点之间是否接触可以用万用表方便地测量。对于多极开关，在明确开关极性和原理结构后也不难判断。

1.9.2 继电器

继电器是在自动控制电路中广泛使用的一种元件，它实质上是用较小电流来控制较大电流的一种自动开关，在电路中起着自动操作、自动调节、安全保护等作用。用继电器也可以构成逻辑、时序电路。

1. 继电器概述

1）电磁继电器

电磁继电器是应用最早、最广泛的一种小型继电器。电磁式继电器一般由铁芯、线圈、衔铁、触点簧片等组成。只要在线圈两端加上一定的电压，线圈中就会流过一定的电流，从而产生电磁效应，衔铁就会在电磁力吸引的作用下克服返回弹簧的拉力吸向铁芯，从而带动衔铁的动触点与静触点（常开触点）吸合。当线圈断电后，电磁的吸力也随之消失，衔铁就会在弹簧的反作用力下返回原来的位置，使动触点与原来的静触点（常闭触点）吸合。这样吸

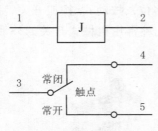

图 1-24 继电器电路符号

合、释放，从而达到了在电路中的导通、切断的目的。电磁继电器电路符号如图 1-24 所示。

对于继电器的"常开、常闭"触点，可以这样来区分：继电器线圈未通电时处于断开状态的静触点，称为"常开触点"；处于接通状态的静触点称为"常闭触点"。

电磁继电器包括：直流电磁继电器、交流电磁继电器、时间继电器、温度继电器、磁保持继电器、极化继电器、舌簧继电器、节能功率继电器等。电磁继电器外形如图 1-25(a)所示。

(a) 电磁继电器   (b) 固态继电器

图 1-25 几种常用电磁继电器外形图

2）热敏干簧继电器

热敏干簧继电器是一种利用热敏磁性材料检测和控制温度的新型热敏开关。它由感温磁环、恒磁环、干簧管、导热安装片、塑料衬底及其他一些附件组成。热敏干簧继电器不用线圈励磁，而由恒磁环产生的磁力驱动开关动作。恒磁环能否向干簧管提供磁力是由感温磁环的温控特性决定的。

3）固态继电器

固态继电器（SSR）是一种由半导体器件组成的电子开关器件，它依靠半导体器件的电磁或光特性来完成其隔离和继电切换功能。

固态继电器与传统的电磁继电器相比，内部没有机械结构件，也没有开关电触点。因此，在继电切换时无电磁火花，不会出现"拉弧"烧触头和向外辐射电磁波情况；无机械切换声音，其工作可靠性和寿命高于电池型继电器。固态继电器所需的驱动功率小，驱动电平直接和逻辑电路兼容，一般不需加驱动缓冲级电路。

固态继电器按负载电源类型可分为交流型和直流型；按开关形式可分为常开型和常闭型；按隔离形式可分为混合型、变压器隔离型和光电隔离型，以光电隔离型为最多。

由于固态继电器的内在特点，广泛应用于工业自动化控制领域，电炉加热、遥控机械、数控机械、电机、电磁阀以及信号灯、闪烁器、舞台灯光切换、医疗器械、复印机、洗衣机、消防保安等控制系统，都大量应用了固态继电器。图 1-25（b）所示为几种常见的固态继电器外形。

2. 继电器的性能参数

（1）额定工作电压：继电器正常工作时线圈需要的电压。

（2）直流电阻：线圈直流电阻，可以通过万用表电阻挡进行测量。

（3）吸合电流：继电器能够产生吸合动作的最小电流。在使用时给定的电流必须略大于吸合电流，继电器才能可靠地工作。

（4）释放电流：继电器释放动作的最大电流。当继电路在吸合状态下电流减小到一定程度时，继电器恢复到未通电的释放状态，这个时候的电流比吸合电流小很多。

（5）触点的切换电压和电流：继电器触点允许加载的电压和电流，它决定了继电器控制电压和电流的大小。使用时不能超过此数值，否则将损坏继电器的触点。

一个继电器虽然有很多技术参数，各种继电器的技术参数也不尽相同，但工程上对继电器的基本技术要求是相同的：

（1）工作可靠。继电器在电气装置中担任很重要的角色，它的失控不仅影响装置的工作，还会造成更严重的后果。要求其不但在室温下要工作正常，还要在一定温度、湿度、气压及振动等条件下正常工作。

（2）动作灵敏。不同继电器的灵敏度不同，但总希望继电器在很小驱动电压（电流）下就可以工作，当然要保证可靠稳定。

（3）性能稳定。继电器不但在出厂时性能应该满足要求，长时间使用后继电器性能也应该变化不大，并希望继电器有根长的寿命（一般寿命为数十万至数百万次）。

3. 继电器检测与选用

（1）测触点电阻。用万用表的电阻挡，测量常闭触点与动点电阻，其阻值应为 0；而常开触点与动点的阻值就为无穷大。由此可以区别出哪个是常闭触点，哪个是常开触点。

（2）测线圈电阻。可用万用表 R×10Ω 挡测量继电器线圈的阻值，从而判断该线圈是否存在着开路现象。继电器线圈的阻值一般在几十欧到几千欧之间。

（3）测量吸合电压和吸合电流。利用可调稳压电源和电流表，给继电器输入一组电压，且在供电回路中串入电流表进行监测。慢慢调高电源电压，听到继电器吸合声时，记下该吸合电压和吸合电流。为求准确，可以多试几次而求平均值。

（4）测量释放电压和释放电流。加电方式同上，当继电器吸合后，再逐渐降低供电电压，当听到继电器再次发生释放声音时，记下此时的电压和电流，亦可尝试多几次而取得平均的释放电压和释放电流。一般情况下，继电器的释放电压为吸合电压的 $10\%\sim50\%$，如果释放电压太小（小于 1/10 的吸合电压），则不能正常使用了，这样会对电路的稳定性造成威胁，工作不可靠。

继电器选用时首先应了解继电器使用情况：

（1）控制电路的电源电压，能提供的最大电流。

（2）被控制电路中的电压和电流。

（3）被控电路需要几组、什么形式的触点。选用继电器时，一般控制电路的电源电压可作为选用的依据。控制电路应能给继电器提供足够的工作电流，否则继电器吸合是不稳定的。

其次，可查找相关资料，找出需要继电器的型号和规格。

第2章

常用仪器设备使用

2.1 万用表

万用表也称多用表,具有用途广、量程多、使用方便等优点,是电子测量中最常用的工具。它可以用来测量电阻、交直流电压和直流电流,有的万用表还可以测量晶体管的主要参数及电容器的电容量等。万用表的基本外形如图 2-1 所示,掌握万用表的使用方法是电子技术实践中的一项基本技能。

2.1.1 指针式万用表

指针式万用表是以表头为核心部件的多功能测量仪表,测量值由表头指针指示读取。图 2-2 所示为一种指针表的面板。在表面板上有 8 条刻度尺,其中标有"Ω"标记的是测电阻时用的刻度尺;标有"DC VA"标记的是测直流电压、直流电流时用的刻度尺;标有"AC V"标记的是测交流电压时用的刻度尺;标有"hFE"标记的是测三极管时用的刻度尺;标有"LV"标记的是测量负载的电流、电压的刻度尺;标有"dB"标记的是测量电平的刻度尺。

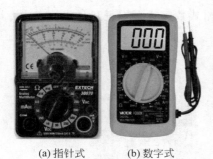

(a) 指针式　　(b) 数字式

图 2-1　万用表外形图

图 2-2　指针式万用表显示面板

指针式万用表可用于直流电压、交流电压、直流电流、电阻及三极管 hFE 值的测量。普通万用表的精度范围在 1.0~2.5 级之间。使用中应注意:

（1）在使用指针式万用表之前，应先进行"机械调零"，即在没有被测电量时，使万用表指针指在零电压或零电流的位置上。

（2）将表笔置于合适的测量插孔内。使用前应根据对待测量的估计选择合适的量程，最好不使用刻度左边三分之一的部分，这部分刻度不够密集，影响精度。

（3）使用欧姆挡时不能带电测量，不能有并联支路。

（4）测量晶体管、电解电容等有极性元件的等效电阻时，必须注意两支表笔的极性。

（5）在使用万用表过程中，不能用手去接触表笔的金属部分，这样一方面可以保证测量的准确，另一方面也可以保证人身安全。

（6）在测量某一电量时，不能在测量的同时换挡，尤其是在测量高电压或大电流情况下，更应注意。否则，会使万用表毁坏。如需换挡，应先断开表笔，换挡后再去测量。

（7）万用表在使用时，必须水平放置，以免造成误差。同时还要注意避免外界磁场对万用表的影响。

（8）当被测量超出表的最大量程时，可利用分流、分压原理进行电流、电压测量量程的扩展。

（9）万用表使用完毕，应将转换开关置于交流电压的最大挡。如果长期不使用，还应将万用表内部的电池取出来，以免电池腐蚀表内其他器件。

2.1.2　数字式万用表

数字式万用表也称数字多用表（DMM），它是将所测量的电压、电流、电阻的值等测量结果直接用数字形式显示出来的测试仪表，具有测量速度快、显示清晰、准确度好、分辨率高、测试范围大等特点。许多数字式万用表除了基本的测量功能外，还能测量电容值、电感值、晶体管放大倍数、频率、波形占空比等，是一种多功能测试仪表。由于数字化的特点，数字式万用表还可有针对一种类型待测量的自动量程功能、数据保持锁定功能等，使得测量方便、安全、迅速，并提高了准确度和分辨力。

普通数字式万用表以数字显示位数来衡量表的测量精度。$3\frac{1}{2}$（俗称 3 位半）数字表的显示字为 $0.000\sim\pm1999$，特定量程下其显示分辨力为 0.05%；$4\frac{1}{2}$（俗称 4 位半）数字式万用表的显示字为 $0.0000\sim\pm19999$，特定量程下其显示分辨力为 0.005%。数字式万用表有很多量程，但其基本量程准确度最高。

数字式万用表通常分为手持式数字式万用表、钳式数字式万用表和台式数字式万用表，图 2-3 所示为几种典型的数字式万用表的外形图。

(a) 手持式数字式万用表　　(b) 钳式数字式万用表　　(c) 台式数字式万用表

图 2-3　数字式万用表的外形图

2.1.3 数字式万用表的使用方法

使用数字式万用表前,要检查仪表的电池电压是否正常,表笔是否损坏或不正常,如出现表笔裸露、液晶显示器无显示等,请不要使用。

下面以 UT212 钳式数字式万用表为例,介绍数字式万用表的使用方法。UT212 钳式数字式万用表外形结构图如图 2-4 所示。

按键功能:SAVE 为储存数据键;READ 为回读数据键;POWER 为电源按键开关。

LCD 显示器如图 2-5 所示。图中各符号的含义如表 2-1 所示。

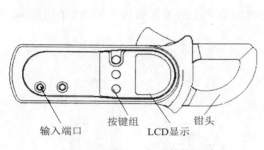

输入端口　　按键组　　钳头
　　　　　　LCD显示

图 2-4　UT212 外形结构图

图 2-5　UT212 LCD 显示器

表 2-1　LCD 显示器符号的含义

符 号	含 义	符 号	含 义
⏻	自动关机功能提示符	AC	交流测量提示符
STANDBY	等待测试提示符	DC	直流测量提示符
NO.88	已存储的数据条数		
SAVE	保存数据提示符	AUTO	自动量程提示符
—	显示负的读数	🔋	电池欠压提示符

1. 开机状态

按下电源开关 POWER,开启或关闭电源。

仪表在开机时 LCD 全显,仪表进入自检状态,时间 2s 左右,自检完成后万用表进入等待测试状态,LCD 显示"STANDBY----"。

2. 交、直流电压测量

交、直流电压测量见图 2-6。

1) 全自动测量模式

将红表笔插入"V"插孔,黑表笔插入"COM"插孔。

(1) 表笔并联到待测负载上。当交流电压高于 AC 1.5V,直流电压高于±1V 时,仪表自动进入电压测试状态。

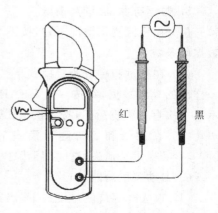

红　　　黑

图 2-6　交、直流电压测量示意图

（2）从显示器上直接读取被测电压值。

（3）输入电压低于 5V 时，输入阻抗约为 10MΩ；电压高于 5V 时，输入阻抗瞬间会从 1kΩ 过渡到 10MΩ。

2）半自动高输入阻抗测量模式

按住 SAVE 键开机，仪表自动进入到电压测量状态，这时的输入阻抗为 10MΩ，仪表默认状态为直流电压状态。仪表自动识别电压种类并自动切换到相应的测量模式。

3．交流电流测量

交流电流测量见图 2-7。

（1）将被测电流导线置于钳头中间，如图 2-7(a)所示，穿过钳头的导线应为单线。

（2）当被测电流大于交流 0.4A 时，仪表自动进入电流测量状态。

（3）从显示器上直接读取被测电流值，交流测量显示值为正弦波有效值（平均值响应）。

4．电阻测量

电阻测量见图 2-8。

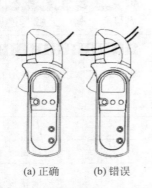

(a) 正确　　(b) 错误

图 2-7　交流电流测量示意图

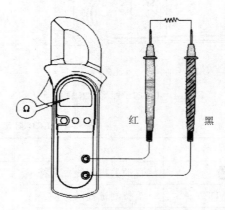

红　　黑

图 2-8　电阻测量示意图

（1）将红表笔插入"Ω"插孔，黑表笔插入"COM"插孔。

（2）将表笔并联到被测电阻两端上。

（3）从显示器上直接读取被测电阻值。

5．数据存储、回读和清除

（1）在任何测量情况下，当按下 SAVE 键时，LCD 显示"SAVE NO"提示符和仪表存储数据的条数。

（2）在测量和等待测量模式下按一次 READ 键，仪表退出测量或等待模式，随机显示一样次的存储数据，每按一次 READ 键，LCD 显示的存储数据由存储顺序倒退显示；当显示第一次存储数据后，再按一次 READ 键，仪表回到测量或等待模式。

（3）在测量和等待测量模式下，长时间按下 READ 键，LCD 显示"CLR"，"SAVE NO ××"提示符消失，这时即清除内存数据（最大数据存储量为 10 条）。

6．自动关机功能

（1）仪表在等待测量模式下，当约 10min 没有按键动作和进行测量时，显示器除 ⏻ 符号外，将消隐显示，随即仪表进入微功耗休眠状态。如果要唤醒仪表重新工作，只要按一次任何键即可(除 POWER 按键开关外)。仪表唤醒后,LCD 显示等待测量模式下的符号。

(2)仪表在测量模式下,无自动关机功能。

7.进行测量时应注意的事项

(1)当测量在线电阻时,在测量前必须先将被测电路内所有电源关断,并将所有电器放尽残余电荷,才能保证测量正确。

(2)在低阻测量时,表笔会带来 $0.1 \sim 0.2 \Omega$ 电阻的测量误差。正确的数据应为测量值减去表笔短路显示值。

(3)当表笔短路时的电阻值不小于 0.5Ω 时,应检查表笔是否有松脱现象或其他原因。

(4)测量 $1M\Omega$ 以上的电阻时,可能需要几秒钟后读数才会稳定,这对于高阻的测量属于正常。为了获得稳定读数,尽量选用短的测试线。

(5)不要输入高于直流 60V 或交流 30V 以上的电压,避免伤害人身安全。

(6)在完成所有的测量操作后,要断开表笔及被测电路的连接。

2.1.4　万用表的应用特点

指针表和数字表的比较:

(1)指针表读取精度较差,但指针摆动的过程比较直观,其摆动速度和幅度有时也能比较客观地反映了被测量的大小(比如测电视机数据总线(SDL)在传送数据时的轻微抖动);数字表读数直观,但数字变化的过程看起来很杂乱,不太容易观看。

(2)指针表内一般有两块电池,一块低电压的 1.5V,一块是高电压的 9V 或 15V,其黑表笔相对红表笔来说是正端。数字表则常用一块 6V 或 9V 的电池。在电阻挡,指针表的表笔输出电流相对数字表来说要大很多,用 $R \times 1\Omega$ 挡可以使扬声器发出响亮的"哒"声,用 $R \times 10k\Omega$ 挡甚至可以点亮发光二极管(LED)。

(3)在电压挡,指针表内阻相对数字表来说比较小,测量精度相比较差。某些高电压微电流的场合甚至无法测准,因为其内阻会对被测电路造成影响(比如在测电视机显像管的加速级电压时测量值会比实际值低很多)。数字表电压挡的内阻很大,至少在兆欧级,对被测电路影响很小。但极高的输出阻抗使其易受感应电压的影响,在一些电磁干扰比较强的场合测出的数据可能不够真实。

总之,在相对来说大电流、高电压的模拟电路测量中适用指针表,在低电压、小电流的数字电路测量中适用数字表,而在专业场合数字表取代指针表的趋势已日趋明显。

2.2　示波器

示波器是现代电子技术中必不可少的常用测量仪器。利用它能够直接观察信号的时间和电压值、振荡信号的频率、信号是否存在失真、信号的直流成分(DC)和交流成分(AC)、信号的噪声值和噪声随时间变化的情况,比较多个波形信号等,有的新型数字示波器还有很强的波形分析和记录功能。它具有输入阻抗高、频带宽、灵敏度高等优点,被广泛应用于测量技术中。示波器有多种型号,性能指标各不相同,应根据测量信号选择不同的型号。示波器可分为模拟示波器和数字示波器。

2.2.1 模拟示波器

模拟示波器是一种实时监测波形的示波器,适于检测周期性较强的信号。在只需要观察实时信号而不需存储和记忆的情况下,模拟示波器有如下特点:

➤ 操作简单直观,全部操作都在面板上可以找到;

➤ 垂直分辨率高,连续而且无限级;

➤ 信号能实时捕捉,实时显示,更新快,每秒捕捉几十万个波形。

由于具有这些特点,使模拟示波器深受使用者欢迎。

模拟示波器的技术性能有垂直通道(Y)和水平通道(X)的灵敏度、频率响应、输入阻抗等。例如,日本建伍的 CS-4125A 模拟示波器(如图 2-9 所示)的主要技术性能如下:

图 2-9　日本建伍 CS-4125A 模拟示波器

➤ 垂直通道(Y)和水平通道(X)的灵敏度:1~2mV/格,±5%;0.005~5V/格,±3%。

➤ 垂直通道(Y)衰减器:1-2-5 步,12 段,准确调整。

➤ 垂直通道(Y)输入阻抗:1×(1±2%)MΩ,约 22pF。

➤ 垂直通道(Y)最大输入电压:800V 峰-峰值或 400V(DC+AC 峰值)。

➤ 垂直通道(Y)频率响应　DC:0~20MHz,−3dB;AC:10^{-5}~20MHz,−3dB。

➤ 扫描模式　NORM:触发扫描;AUTO:无触发信号时自动工作。

➤ 扫描时间:$0.5×10^{-6}$~0.5s/格,±3%;1-2-5 步,20 段可精确调整。

➤ 触发源:VERT 模式,在垂直模式下选择通道 1 或者通道 2 输入信号;LINE 模式,市电 EXT;外部触发模式,由外部输入信号。

2.2.2 数字示波器

数字示波器采用数字处理和计算机控制技术,使其在波形的存储、记忆以及特殊信号的捕捉等功能上得到大大加强,这是模拟示波器无法实现的。另外,对信号波形的自动监测、对比分析、运算处理也是数字示波器的特长。

1. 典型数字示波器

国内外数字示波器的品牌繁多,我国生产数字示波器的主要厂商有北京普源精电科技有限公司(RIGOL)、杨中绿杨(LUYANG)、杨中科泰(CALTEK)、台湾固纬。国外主要厂商有美国泰克(Tektronix)及福禄克(FLUKE)、日本岩崎(IWATSU)、韩国(LG-EZ)等。

美国泰克公司生产的 DPO4000 系列数字示波器如图 2-10 所示,其主要特点和优点如下:

> 显示:TDS2000 系列均为彩色 LCD,264mm(10.4in)XGA 显示屏;
> 取样率:TDS2002 为 1.0GS/s;TDS2022、TDS2024 为 2.0GS/s;

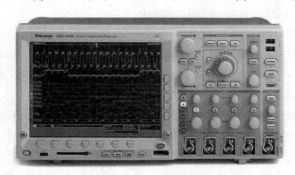

图 2-10　美国泰克 DPO4000 系列数字示波器

> 记录长度:所有通道 2.5K 点;
> 脉冲宽度触发:33ns~10s 可选;
> 时基范围:(5ns~50s)/div;
> 自动测量:11 种波形参数测量;
> 触发信号读出:触发源触发频率读出;
> 具有并行总线和串行总线 Wave Inspector 控制功能;
> 能够简单高效地寻找模拟波形和数字波形;
> 超薄设计,厚仅 137mm(5.4in);
> 新型数字探头设计,简化了连接被测设备的工作。

2. 数字示波器面板键操作方式和显示方式

数字存储示波器的面板操作键分为两种:立即执行键和菜单键。当按下立即执行键时,示波器立即执行该项操作;当按下菜单键时,在屏幕下方显示一排菜单,然后按菜单下所对应的操作键执行菜单中该项的操作。它对显示的信号波形可以进行记忆,也可以进行分析。数字示波器与计算机组合,可对信号进行各种处理,并能通过网络进行传输。

智能化数字存储示波器利用内部微计算机的控制功能和不同的存储方法,可实现多种灵活的波形显示方式,以适应不同波形的观测需要,而且在示波器显示波形的同时,还可以显示相应的工作状态信息和测量数据。数字存储示波器通常有以下几种显示方式:

(1) 存储显示方式　是数字存储示波器的基本显示方式,它适于对一般信号的观测。在一次触发形成并完成信号数据的存储之后,经过显示前的缓冲存储,并控制缓冲存储器的地址顺序,依次将欲显示的数据读出,进行 D/A 转换后,将其稳定地显示在示波器屏上。这样显示的波形是由一次触发捕捉到的信号片断,在这种方式下,满足一次触发条件,屏幕上原来的波形就被新存储的波形更新一次。

(2) 抹迹显示方式　适于观测一长串波形中在一定条件下才会发生的瞬态信号。在该方式下,应先按照预期的瞬态信号设置触发电平和极性。观测开始后,仪器工作在末端触发和预设触发相结合的方式下,当信号数据存储器被装满,但瞬态信号未出现时,实现末端触发,在屏幕上显示一个画面,保持一段时间后,被新存储的数据更新,若瞬态信号仍未出现,再利用末端触发显示一个画面。这样一个个画面显示下去,如同为了查找某个内容一页页地翻书一样。一旦预期的瞬态信号出现,则立即实现预置触发,将捕捉到的瞬态信号波形稳定地显示在示波管上,并存入基准波形存储器中。

(3)卷动显示方式　特别适合观测缓变信号中随机出现的突发信号。它包括两种形式,一种是使用新的波形逐渐代替旧的波形,变化点自左向右移动;另一种是波形从屏幕的右端推出向左移动,在左端消失。当异常波形出现时,可按下存储键,将此波形保存在屏幕上或存入参考波形存储器,以便更细致地观测和分析。

当设定为该方式时,信号存储器在装满之后,将不停地移动所有数据,推出旧数据,存入新数据,并不断地把新数据移入显示缓冲存储器,再适当延迟后读出显示。

(4)放大显示方式　适于观测信号波形的细节,此显示方式是利用延迟扫描方法实现的。此时,屏幕一分为二,上半部显示原波形;下半部显示放大了的部分,其放大位置可用光标控制,放大比例也可以调节,还可以用光标测量细节部分的参数。

2.2.3　示波器的使用方法

下面以目前使用广泛的台湾固纬 GOS-620 型双踪模拟示波器为例,介绍使用示波器测量信号的方法。

1. 主要技术指标

GOS-620 型双踪模拟示波器是一种便携式通用示波器。它有两个独立的 Y 通道,可同时观测两个信号波形,被观测信号的频率范围为 0~20MHz。其主要技术指标见表 2-2。

表 2-2　GOS-620 型双踪示波器的主要技术指标

项　目	技　术　指　标
频率响应	DC：0~20Hz(-3dB)；AC：20Hz~20MHz(-3dB)
输入阻抗	1MΩ/25pF
输入耦合方式	AC、GND、DC
可输入最高电压	300V(直流＋交流峰值)
校正方波信号	频率：1kHz,幅度：$2V_{P-P}\pm2\%$
垂直模式	CH1(通道 1 显示)、CH2(通道 2 显示)、DULA(双通道显示,并可选择切换 ALT/CHOP 模式)、ADD(CH1＋CH2)
触发模式	自动(AUTO)、常态(NORM)、TV-V、TV-H
触发源选择	CH1、CH2、LINE、EXT(CH1、CH2 仅可在垂直模式为 DUAL 或 ADD 时选用)
电源电压	220V±10%,频率：50Hz 或 60Hz

2. 面板及各旋钮的作用

台湾固纬 GOS-620 型双踪示波器的面板示意图如图 2-11 所示,主要按键及控制旋钮功能见表 2-3。

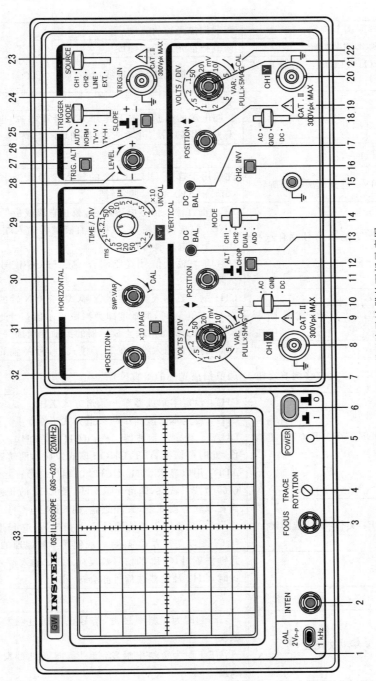

图 2-11 GOS-620 型双踪示波器的面板示意图

表 2-3　GOS-620 型双踪示波器的面板上主要按键及控制旋钮功能

代号	名　称	作　用
CRT 显示屏		
2	INTEN：辉度调节旋钮	调节扫描光迹的亮度
3	FOCUS：聚焦调节旋钮	调节扫描光迹的清晰度
4	TRACE ROTATION：光迹旋转调节旋钮	使水平扫描光迹与刻度线成平行
5		电源指示灯
6	POWER：电源开关	控制电源的通断。按下此开关可接通电源，电源指示灯会发光；再按一次，开关凸起时，则切断电源
VERTICAL 垂直偏向		
7、22	VOLTS/DIV：垂直衰减选择旋钮	此钮用于选择 CH1、CH2 的输入信号衰减程度，范围为：(5mV～5V)/DIV，共 10 挡
10、18	AC-GND-DC：输入信号耦合选择开关	AC：垂直输入信号电容耦合，截止直流或极低频信号输入 GND：隔离信号输入，并将垂直衰减器输入端接地，使之产生一个零电压参考信号 DC：垂直输入信号直流耦合，AC 与 DC 信号一起输入放大器
8	CH1(X)输入	CH1 的垂直输入端；在 X-Y 模式中，为 X 轴的信号输入端
9、21	VARIABLE：灵敏度微调控制旋钮	在 CAL 位置时，灵敏度即为挡位显示值；当此旋钮拉出时（×5MAG 状态），垂直放大器的灵敏度增加 5 倍
20	CH2(Y)输入	CH2 的垂直输入端；在 X-Y 模式中，为 Y 轴的信号输入端
11、19	◆POSITION：垂直位移调节旋钮	调节扫描光迹的垂直位置
14	VERT MODE：CH1 及 CH2 垂直操作方式选择器	CH1：设定本示波器单一频道方式工作 CH2：设定本示波器单一频道方式工作 DUAL：设定本示波器工作以 CH1 及 CH2 双频道方式工作，此时可切换 ALT/CHOP 模式来显示两轨迹 ADD：用以显示 CH1 及 CH2 的相加信号；当 CH2 INV 键(16)为按下状态，即可显示 CH1 及 CH2 的相减信号
12	ALT/CHOP：交替/断续选择键	当在双轨迹模式下，放开此键，则 CH1 与 CH2 以交替方式显示(一般使用于较快速的水平扫描)；按下此键，则 CH1 与 CH2 以交替方式显示(一般使用于较慢速的水平扫描)
16	CH2 INV	此键按下时，CH2 的信号被反向，CH2 输入信号于 ADD 模式时，CH2 触发截选信号亦会被反向
TRIGGER 触发		
26	SLOPE：触发斜率选择键	＋：凸起时为正斜率触发，信号正向通过触发准位时进行触发 －：压下时为负斜率触发，信号负向通过触发准位时进行触发
24	EXT TRIG. IN：TRIG. IN 输入端子	可输入外部触发信号，如用此端子时，须先将 SOURCE 选择器(23)置于 EXT 位置

续表

代号	名 称	作 用
TRIGGER 触发		
27	TRIG. ALT：触发源交替设定键	当 VERT MODE(14)选择器在 DUAL 或 ADD 位置时,按下此键,本仪器即会自动设定 CH1 或 CH2 位置的输入信号以交替方式轮流作为内部触发信号源
23	SOURCE：内部触发源信号及外部 EXT TRIG. IN 输入信号的选择器	CH1：当 VERT MODE(14)选择器在 DUAL 或 ADD 位置时,以 CH1 输入端信号作为内部触发源 CH2：当 VERT MODE(14)选择器在 DUAL 或 ADD 位置时,以 CH2 输入端信号作为内部触发源 LINE：将 AC 电源线频率作为触发信号 EXT：将 TRIG. IN 端子的输入信号作为外部触发信号源
25	TRIGGER MODE：触发模式的选择开关	AUTO：当没有触发信号或触发信号的频率小于 25Hz 时,扫描会自动产生 NORM：当没有触发信号时,扫描将处于预备状态,屏幕上不会显示任何扫描线。本功能主要用于观察≤25Hz 的信号 TV-V：用于观测电视信号的垂直画面信号 TV-H：用于观测电视信号的水平画面信号
28	LRVEL：触发准位调节旋钮	旋转此钮以同步波形,并设定该波形的起始点。将旋钮向"＋"方向旋转,触发准位会向上移；将旋钮向"－"方向旋转,则触发准位向下移
HORIZONTAL 水平偏向		
29	TIME/DIV：扫描时间选择钮	扫描范围从 $0.2\mu s/div\sim 5s/div$ X-Y：设定为 X-Y 模式
30	SWP. VAR：扫描时间选择旋钮	若按下 SWP. VAR 键,并旋转此控制钮,扫描时间可延长至少为指示值的 2.5 倍；该键若未按下时,则指示值将被校准
31	×10MAG：水平放大键	按下此键可将扫描放大 10 倍
32	◀ POSITION ▶：水平位移调节旋钮	调节扫描光迹的水平位置
其他功能		
1	CAL($2V_{P-P}$)	此端子可输出一个 $2V_{P-P}$,1kHz 的方波,用以校正测试棒及检查垂直偏向的灵敏度
15	GND	示波器接地端子

3. 使用方法

使用示波器测量信号分为三个步骤：基本调节、显示校准和信号测量。

1）测量信号前基本调节

（1）开启电源前,依照表 2-4 的顺序设定各旋钮及按键。

（2）按下电源开关(POWER),经过约 20s 预热后,CRT 显示屏上出现一条扫描基线,调节 INTEN 和 FOCUS 旋钮,使扫描基线亮度适中,聚焦良好。再调节 ◀ POSITION ▶、

◆ POSITION 旋钮使扫描基线位于屏幕中间位置。若扫描基线与中央水平刻度线不平行,可以用螺丝刀调节 TRACE ROTATION 旋钮,使扫描基线与中央水平刻度线平行。

表 2-4　设定示波器面板上各旋钮及按键顺序

	项　目	设　定		项　目	设　定
6	POWER	OFF 状态	10、18	AC-GND-DC	GND
2	INTEN	中央位置	23	SOURCE	CH1
3	FOCUS	中央位置	26	SLOPE	凸起(+斜率)
14	VERT MODE	CH1	27	TRIG. ALT	凸起
12	ALT/CHOP	凸起(ALT)	25	TRIGGER MODE	AUTO
16	CH2 INV	凸起	29	TIME/DIV	0.5ms/DIV
11、19	◆ POSITION	中央位置	30	SWP. VAR	顺时针转到底
7、22	VOLTS/DIV	0.5V/DIV	32	◀ POSITION ▶	中央位置
9、21	VARIABLE	顺时针转到底	31	×10MAG	凸起

2) 测量信号前的显示校准

这个步骤的目的是扫描线的长度代表准确的时间值,使扫描线的高度代表准确的电压值。利用示波器内的标准信号源可以完成校准工作。

(1) 将 CH1 的测量探头接到 $2V_{P-P}$ 校准信号输出端,将 CH1 的 AC-GND-DC(10) 置于 AC 的位置,此时 CRT 上会显示高 4 格、水平为两格(周期为 1ms)的方波信号,如图 2-12 所示。

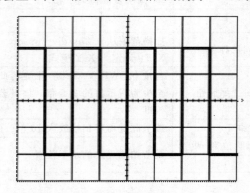

图 2-12　标准信号在示波器上显示波形

(2) 调节 ◀ POSITION ▶、◆ POSITION 旋钮,使波形与刻度线齐平,并使电压值(V_{P-P})及周期(T)易于读取。

3) 信号的测量(以 CH1 测量为例介绍单一频道的基本操作法,CH2 测量时的操作程序是相同的,仅需设定 CH2 栏的旋钮及按钮组)

仪器附带的探头上有衰减开关,将信号以 1:1(×1)或 10:1(×10)进行衰减,以便对于不同信号进行测量。

衰减开关置于"×1"位置适合测量低输出阻抗源的低频信号。

衰减开关置于"×10"位置适合测量来自输出高阻抗源和较高频的信号,由于"×10"位置将信号衰减到 1/10,因此读出的电压值再乘以 10 才是被测量的实际电压值。

（1）直流电压的测量

① 置 TRIGGER MODE 开关于 AUTO 挡,调节 TIME/DIV 旋钮使扫描线不发生闪烁为好。

② 置 AC-GND-DC 选择开关于 GND 挡,调节 ▲POSITION 旋钮使扫描线准确落在某水平线刻度线上,作为 0V 基准线。

③ 置 AC-GND-DC 选择开关于 DC 挡位,将被测信号输入 CH1,扫描线所示波形的中线与 0V 基准线的垂直位移即为信号的直流电压幅度。如果扫描线上移,则指被测直流电压为正;如果下移,则指被测直流电压为负。用 VOLTS/DIV 旋钮位置的标称值乘以垂直位移的格数,即可得到直流电压的数值。

（2）交流信号的测量

① 置 AC-GND-DC 选择开关于 GND 挡,调节 ▲POSITION 旋钮使扫描基线在屏幕中央的水平线刻度线上,作为基准线。

② 置 AC-GND-DC 选择开关于 AC 挡位,将被测信号输入 CH1,调 VOLTS/DIV 旋钮使交流电压波形在垂直方向上占 4～5 格为好;再调节 TIME/DIV 旋钮,使信号波形稳定,用 VOLTS/DIV 旋钮位置的标称值乘以波形波峰与波谷间垂直方向的格数,即可得到交流电压的峰-峰值。

用示波器测量交流得到的是交流电压的峰-峰值,要得到其有效值须经过换算。例如,要求正弦信号的有效值,则用下面的公式:

$$有效值电压 = 峰峰值电压 \div 2\sqrt{2}$$

（3）时间的测量

对仪器的扫描时间进行校准后,可对被测信号波形上任意两点的时间参数进行测量。

选择合适的 TIME/DIV 旋钮位置,使波形在 X 轴上出现一个完整的波形为好。根据屏幕坐标的刻度,读出被量信号两个特定点 P 与 Q 之间的格数,乘以 TIME/DIV 旋钮所在位置的标称值,即得到这两点间波形的时间。若这两个特定点正好是一个信号的完整波形,则所得时间就是信号的周期,其倒数即为该信号的时间差。

（4）相位的测量

利用双踪示波器可以很方便地测量两个信号的相位差。

① 将示波器 ALT/CHOP 旋钮置 ALT 显示方式。

② 置 VERT MODE 开关于 DUAL 状态。

③ 将两个信号分别输入 CH1 和 CH2 通道。从屏幕上读出第一个信号的一个完整波形所占的格数,用 360°除以这个格数,得到每格对应的相位角;然后读出两信号相同部位的水平距离（格数）,乘以每格相位角,即可算出两信号的相位差。

2.3　毫伏表

毫伏表是测量正弦交流电压有效值的电子仪器。与一般交流电压表相比,毫伏表的量限多,频率范围宽,灵敏度高,适用范围更广;毫伏表的输入阻抗高,输入电容小,对被测电路影响小。因此,在电子电路的测量中毫伏表得到了广泛的应用。

目前电子技术实验中常用的毫伏表有 CB-9B 型真空毫伏表和 SG 型超高频毫伏表等。

2.3.1 CB-9B 型真空管毫伏表

CB-9B 型真空毫伏表为真空管放大检波式电压表。被测电压经过仪器内部放大和整流后再送至磁电系测量机构,表面示值均按正弦交流电压的有效值刻度。

1. 主要技术指标

（1）测试电压范围:10mV～300V,共分 10 挡;

（2）频率范围:20Hz～1MHz;

（3）输入阻抗:频率为 1kHz 时,1MΩ,70pF;

（4）仪器基本误差:不超过满刻度的±5%。

2. 使用说明

CB-9B 型真空毫伏表的面板布置如图 2-13 所示。注意:由于真空毫伏表的过载能力较差,使用中应特别注意避免过载。

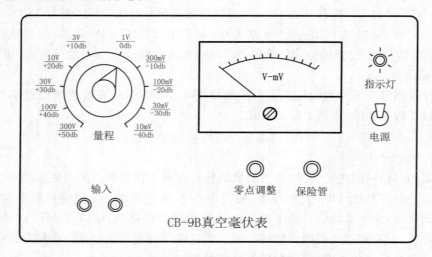

图 2-13　CB-9B 型真空毫伏表的面板示意图

使用说明如下:

（1）接电方式:本仪器为真空毫伏表,一般需要预热。由于灵敏度高,在测量接线时,应该先将量程拨到最大量程 300V/+50db,之后接输入地线,再接入另一根输入信号线;进行测量,测量时顺时针逐步减小电压量程,使指针处于大于 1/2 的位置,读出此时的数据;记录量程(旋钮位置)(例如 1V/0db)。

（2）调零:先将量程拨回最大量程 300V/+50db,之后将输入两端短接,再将旋钮旋转到(1)所记录量程的位置(例如 1V/0db),进行零点调整,使表针和零刻度对齐,再拨回最大量程 300V/+50db,分开输入两端,零点调整结束。

（3）精确测量:接输入地线,再接入另一根输入信号线;顺时针逐步减小电压量程直到(1)所记录量程的位置(例如 1V/0db),读出量程即为精确测量数据。

（4）断电方式:测量结束后,应该先将量程拨到最大量程 300V/+50db,断开信号输入线,再断开接地线,以免因感应电压使仪表过载,打断表针。

2.3.2 SG2270 型超高频毫伏表

SG2270 型超高频毫伏表可测量 10kHz~1GHz 频段的正弦电压。测量电压范围为 1mV~10V,可广泛用于教学、生产等领域。SG2270 型超高频毫伏表可在 0~40℃ 的环境中工作,具有操作简单、维修方便等特点。其外观如图 2-14 所示。

1. 性能特性

(1)测量频率 1000kHz 信号电压的最大示值误差((20±2)℃):① <5%(3mV 以上量程);② <15%(3mV 量程)。

(2)最大过载电压:15V(100kHz)。

(3)频响最大示值误差:①4%(10kHz≤f<100MHz);②6%(100MHz≤f<200MHz);③8%(200 MHz≤f<500MHz);④10%(500MHz≤f<800MHz);⑤15%(800MHz≤f<1000MHz)。

图 2-14 SG2270 型超高频毫伏表

(4)输入阻抗:①≥100kΩ(100kHz,3V 量程);②≥50kΩ(50MHz,3V 量程)。

(5)零点漂移:≥2mm((20±2)℃)。

(6)三通接头端面驻波系数:①≥1.2(50MHz 以下);②≥1.3(800MHz 以下);③≥1.35(1000MHz 以下)。

2. 结构特性及使用方法

1)面板说明

其面板结构示意图如图 2-15 所示。

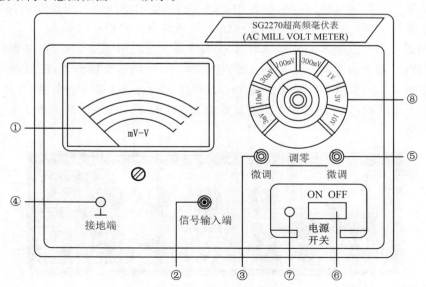

图 2-15 SG2270 型超高频毫伏表前面板示意图

①—显示器;②—输入端;③—粗调零;④—接地端;⑤—细调零;⑥—电源开关;⑦—电源指示灯;⑧—量程开关

2）使用方法

连接电源线到后面板 AC 220V 输入插座，接上 220V 交流电源，连通仪器前面板电源开关，电源指示灯亮，表明仪器工作正常，预热 15min。

接通检波器探头 BNC 插头至仪器输入插座。T 形三通的一端接被测仪器，另一端接标准负载，选择适当的量程开关，将检波器探头轻轻拔起，使其不与输入信号接通，通过粗调、细调调节使显示器为零，再将检波器探头轻轻插入与信号相通进行测量。

每当转换量程时，都必须断开信号调为零，然后再测量。在小信号测量时，可将探头上的接地夹和仪器的接地端相接以提高测量精度。

3）维修、故障处理

仪器在移动或搬动时，应避免剧烈冲击，远程运输时，应包装好。

简单故障修理：①保险丝烧毁，取下后面板电源插座中的保险丝，更换 0.5A 的保险丝管；②接通电源，若指示灯不亮，检查 15V 电源或指示灯是否正常。

2.4　信号发生器

信号发生器可用于电路性能试验、分析，也可为某些器件的工作提供驱动。它一般可以产生不同频率、幅度的波形信号，如正弦波、方波、三角波等。目前，信号发生器正向着多功能、数字化、自动化方向发展。信号发生器按频率和波段可分为低频、高频、脉冲信号发生器等。

2.4.1　低频信号发生器

低频信号发生器由振荡器、放大器、衰减器、指示器和电源等部分构成，频率范围通常从赫兹（Hz）至兆赫（MHz）。可用于测量或检修电子仪器及家电等的低频放大电路，也可用于测量传声器、扬声器、低频滤波器等的频率特性，作校准电子电压表的基准电压源。

低频信号发生器频率稳定度一般应在 ±1% 左右，输出电压不均匀性在 ±1dB 左右，标准输出阻抗为 600Ω（有的配有 8Ω、50Ω、5kΩ）。非线性失真 <1%~3%。

XD1 型低频信号发生器的外形图如图 2-16 所示。它能产生 1~10⁶ Hz 的正弦波，分为 I~VI 6 个波段，频率的基本误差为 ±(1%f+0.3)Hz，除电压级输出外，还具有最大为 4W 左右的功率输出。功率输出可配接 50Ω、75Ω、150Ω、600Ω、5kΩ 等 5 种负载，电压输出和功率输出的最大衰减均达 90dB。仪器附有满量程为 5V、15V、50V、150V 的电压表，供本机测量和外部测量。

图 2-16　XD1 的宽频带低频信号发生器的外形图

1. 低频信号发生器的键钮功能

下面以 XD1 型低频信号发生器为例介绍各键钮功能。XD1 型低频信号发生器的面板键钮和开关如图 2-17 所示。

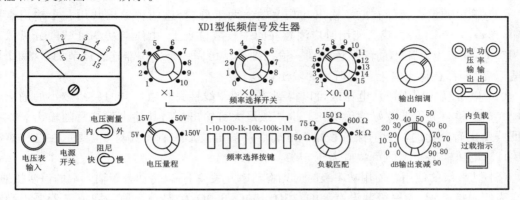

图 2-17　XD1 型低频信号发生器面板示意图

➤ 电压表输入插孔：当电压表用做外测量时，由此插孔接输入电压信号。

➤ 电源开关：按键按下时，电源接通，方框中间指示灯 ZD 亮。再按一下，按键弹出，指示灯灭，电源关断。

➤ 电压测量开关：当置"内"位置时，电压表用做内测量；当置"外"位置时，电压表用做外测量。

➤ 阻尼开关：为减小表针在低频时抖动而设置，当置"快"位置时，未接通阻尼电容；当置"慢"位置时，接通阻尼电容。

➤ 电压量程转换开关：当电压表作内测量时，指 5V 挡位置；当电压表作外测量时，还可在 15V、50V、150V 挡变换。

➤ 频率选择按键：分 6 挡，1～10、10～100、100～1k、1k～10k、10k～100k、100k～1M 为频率选择粗调。

➤ 频率选择开关："×1"、"×0.1"、"×0.01"三旋钮为频率选择细调。与频率选择按键配合使用，根据所需要的频率，可按下相应的按键，然后再用三个频率选择旋钮，按十进制的原则细调到所需频率。例如，按键是"1k"，"×1"旋钮置 1，"×0.1"旋钮置 3，"×0.01"旋钮置 9，则频率为 1000Hz×1.39＝1390Hz。

➤ 负载匹配旋钮：当功率输出时，调此旋钮，其指示值表示输出与负载匹配。

➤ dB 输出衰减转换开关：调节输出幅度，步进 10dB 衰减，也对应电压倍数。

➤ 输出细调旋钮：调此旋钮，微调输出幅度，顺时针旋增大，反向减小。

➤ 输出端接线柱：有电压输出与功率输出。

➤ 内负载按键：当使用功率级时，按键按下，表示接通内部负载。

➤ 过载指示灯：当功率输出级过载时，指示灯亮，该指示灯装在功率开关方框中。

➤ 功率开关按键：按下时，使功率级输入端接入信号。

2. 低频信号发生器的使用方法

下面以 XD1 型低频信号发生器为例介绍低频信号发生器的使用方法。

(1) 开机前，应将输出细调电位器拨至最小，开机后，等过载指示灯熄灭后，再逐渐加大输出幅度。若想达到足够的频率稳定度,需预热 30min 左右再进行使用。

(2) 频率的选择。面板上的 6 挡按键开关为分波段的选择。根据所需要的频率,可先按下相应的按键,然后再用 3 个频率旋钮,细调到所需的频率。

(3) 输出调整。仪器有电压输出和功率输出两组旋钮,这两种输出共用一个输出衰减旋钮,作每步 10dB 的衰减。使用时应注意在同一衰减位置上,电压与功率衰减的分贝数是不相等的,面板上已用不同的颜色区别。输出细调是由同一个电位器连续调节的,这两个旋钮适当配合,可在输出端上得到所需的输出幅度。

(4) 电压级的使用。从电压级可以得到较好的非线性失真数($<0.1\%$),较小的输出电压($200\mu V$)和小电压下较好的信噪比。电压级最大可输出 5V,其输出阻抗是随输出衰减的分贝数变化而变化的。为了保持衰减的准确性及输出波形失真不超标(主要是在电压衰减 0dB 时),电压输出端上的负载应大于 $5k\Omega$。

(5) 功率级的使用。使用功率级时应先将功率开关按下,以将功率级输入端的信号接通。

为使阻抗匹配,功率级共设有 50Ω、75Ω、150Ω、600Ω 及 $5k\Omega$ 5 种负载值。若要得到最大输出功率,则应使负载选择以上 5 种数值之一,以求匹配。若做不到,一般也应使实际使用的负载值大于所选用的数值,否则失真将增大。当负载接以高阻抗时,并要求工作在频段两端,即接近 10Hz 或几百千赫的频率时,为了输出足够的幅度,应将功放部分的内负载按键按下,接通内负载,否则输出幅度会减小。当负载值与面板上负载匹配旋钮所指数值不相符时,步进衰减器指示将产生误差,尤其是在 0~10dB 这一挡。当功率输出衰减放在 0dB 时,信号源内阻比负载值要小,但衰减 10dB 以后的各挡,内阻与面板上阻抗匹配旋钮指示的阻抗值就相符,可做到负载与信号源内阻匹配。

在开机时,过载保护指示灯亮,但 5~6s 后熄灭,表示功率级进入工作状态。当输出旋钮开得过大或负载阻抗值太小时,过载保护指示灯点亮,指示过载。保护动作过几秒钟以后自动恢复,若此时仍过载,则灯又闪亮。在第 6 挡高端的高频下,有时由于输入幅度过大,甚至一直亮。此时应减小输入幅度或减轻负载,使其恢复。

遇保护指示不正常时,就不要继续开机,需进行检修,以免烧坏功率管。当不使用功率级时,应使功率按键开关弹出,以免功率保护电路的动作影响电压级输出。

(6) 对称输出。功率级输出可以不接地,当需要这样使用时,只要将功率输出端与地的连接片取下即可对称输出。

选择工作频段须注意:功率级由 0.01~700kHz($5k\Omega$ 负载挡在 10~200kHz)范围的输出,符合技术条件的规定;但在 5~10Hz 和 0.7~1MHz(或 $5k\Omega$ 负载挡在 0.2~1MHz)范围内仍有输出,但功率减小;功率级在 5Hz 以下,输入被切断,没有输出。

2.4.2 高频信号发生器

高频信号发生器用来产生几十千赫至几百兆赫的高频正弦波信号,一般还具有调幅和调频功能,这种信号发生器有较高的频率准确度和稳定度,通常输出幅度可在几微伏至 1V 范围内调节,输出阻抗为 50Ω 或 75Ω。

高频信号发生器主要是用来产生频率和幅度都经过校准的从 1V 到几分之一微伏的信号电压,并能提供等幅波或调制波(调幅或调频),广泛应用于研制、调试和检修各种无线电收音机、通信机、电视接收机以及测量电场强度等场合。

下面以 AS1053 高频信号发生器为例,介绍高频信号发生器的使用方法。AS1053 高频信号发生器的外形如图 2-18 所示。

图 2-18　AS1053 高频信号发生器的外形图

(1) 等幅波输出。等幅波输出时,调节以下开关位置及旋钮:

① 调幅选择开关置等幅位置。

② 将波段开关扳至所需的波段,转动频率调节旋钮至所需要的频率附近,然后调节频率细调旋钮,达到所需频率。

③ 转动载波调节旋钮,使电压表指示在红线 1 刻度上。这时,从 0~0.1V 插座输出的信号电压等于输出微调旋钮的读数与输出倍乘开关的读数的乘积,单位为 μV。例如,当输出微调旋钮的读数为 6 格,输出倍乘开关在 10 的位置时,其输出电压为 6×10＝60μV。

如果再使用带有分压器的输出电缆,且从 0~0.1V 插孔输出,这时,输出电压将衰减到原来的 1/10,其实际输出电压为 6μV。如果需要的信号电压值大于 0.1V,可从 0~1V 插孔输出。这时,先旋动载波调节旋钮,使电压表指在红线 1 上。输出电压值按输出微调旋钮刻度值乘 0.1 读数。当输出微调旋钮指示在 10 时,输出电压即为 1V。

(2) 调幅波输出。调幅波输出时,调节以下开关的位置及旋钮:

① 使用内调制时,将调幅选择开关置于 400Hz 或 1000Hz,按输出等幅信号的方法选择载波频率,转动载波调节旋钮,使电压表指在红线 1 处。然后调节调幅度调节旋钮,使调幅度表指示出所需的调幅度。一般调节指示在 30% 处。同时利用输出微调旋钮和输出倍乘开关,调节输出调幅波电压,计算方法与输出等幅信号相同。

② 使用外调制时,要选择合适的音频信号发生器作为调幅信号源,输出功率在 0.5W 以上,能在 20kΩ 负载上输出大于 100V 的电压。将调幅选择开关置于等幅位置,将音频信号发生器输出接到外调幅输入插孔后,其他工作程序与内调制相同。

2.4.3　函数信号发生器

函数信号发生器也称为任意信号发生器,能在很宽的频率范围内产生正弦波、方波、三角波、锯齿波和脉冲波等多种波形,有的还能产生阶梯波、斜波和梯形波等,通常还具有触发、锁相、扫描、调频、调幅或脉冲调制等多种功能。因此,函数信号发生器是一种多功能的通用信号源,广泛应用于自动测试系统、音频放大器、滤波器等方面的分析研究。

函数信号发生器在设计上又分为模拟和数字合成两种方式。数字合成式函数信号源无论是频率、幅度乃至信号的信噪比均优于模拟信号发生器,其锁相环(PLL)的设计使输出信号不仅频率精准,而且相位抖动及频率漂移均能达到相当稳定的状态,但始终难以有效克服数字电路与模拟电路之间的干扰,也造成数字合成式函数信号发生器在小信号的输出上不如模拟式函数信号发生器。

下面以我国台湾生产的 GFG813 型函数信号发生器为例,介绍函数信号发生器的具体使用方法。

1. GFG813 型函数信号发生器的各按键旋钮功能

图 2-19 为 GFG813 型函数信号发生器面板上各键钮的功能示意图。GFG813 型函数信号发生器的频率范围为 $1 \times 10^{-7} \sim 13$MHz。可输出的波形为正弦波、方波、三角波。其各按键和旋钮的功能如下:

➤ 开关电源键。开关电源键是控制函数信号发生器的供电的。

➤ 扫频调整钮。扫频调整钮位于开关电源键的右侧,用来设置扫频信号的频率范围。

➤ 外部计数输入端。外部计数输入是用来测量外部信号的频率的,它的最大输入幅度不得超过 150V。

➤ 外部输入选择控制键。外部输入选择控制键是配合外部计数输入信号来使用的。它由 4 个供选择的按键构成,4 个按键从左到右依次为 GATE(触发闸门)键、频率键(30MHz/10MHz)、衰减键(1/10 或 1/1)和 EXT/INT(外部/内部)键。

➤ 调制度旋钮。调制度旋钮用来调整调制度(%)。

➤ 衰减键。衰减键是用来调整输出幅度的。有 3 挡,分别为 -20dB、-40dB 和 -60dB。

➤ 同步输出。输出同步信号。

➤ 主信号输出。输出所需要的信号。

➤ 频偏旋钮。在 FM 状态时调整频偏。

➤ 触发校准旋钮。用来调整触发相位。

➤ 外部调制输入端。输入外部调制信号。

➤ 频率旋钮。用来调整信号频率。

➤ 频率范围按钮。频率范围按钮有 3 挡,分别为 1Ω、100Ω 和 $10k\Omega$。

➤ 调制方式。设置调制方式有 6 个按键,分别为 AM、FM、SMP、正弦、锯齿和方波。

➤ 功能按键。设置输出波形种类,有 3 个按键,即正弦波、锯齿波与方波。

➤ 频段开关。用来选择信号的频率,0.1Hz～1MHz,分 8 个按键。

➤ 显示屏。显示输出信号的频率,6 位数字显示。

2. GFG813 型函数信号发生器的使用

下面简单介绍 GFG813 型函数信号发生器的使用方法。

(1) 需要该机输出一个 100kHz 的方波信号,其操作步骤如下:

① 打开开关电源。

② 在频段开关处将 100kHz 频段开关键按下。

③ 继续在频段开关处的右侧功能键中选择方波键,将其按下。

④ 此时,从主信号输出插口即可得到 100kHz 方波信号。

⑤ 选择衰减量可得到衰减后的信号。

(2) 需要一个 1MHz 的调幅信号,操作如下:

① 打开开关电源。

② 按下频段开关处的 1MHz 键。

③ 在调制方式栏中按下 AM 键。

④ 按下频率范围键选择调幅信号的频率,如调制信号送 1kHz,则按下 10k 键,再微调频率钮。

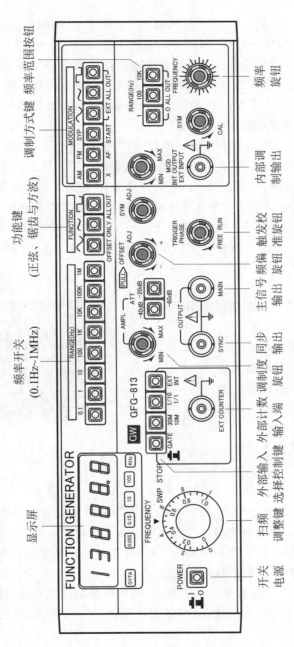

图 2-19 GFG813 型函数信号发生器面板上各按键旋钮的功能示意图

⑤ 调整调制度钮,即可在主输出信号端得到调幅的信号。

2.5 直流稳压电源

实验室用直流稳压电源一般指 AC/DC 稳压电源,广泛使用的主要有集成线性稳压电源(工频变压→整流→滤波→稳压)和开关集成稳压电源(整流→逆变→整流稳压)两种。直流稳压电源的作用是按适当的电压要求给直流电路设备供电。稳压电源的技术指标主要有针对输入交流电压变化的稳压系数和电压调整率、针对电源负载变化的负载调整率和输出电阻、纹波系数、温度漂移等。下面以 EM1700 系列稳压电源为例介绍稳压电源的使用方法。

1. EM1700 系列稳压电源简介

EM1700 系列稳压电源是实验室通用电源,有三路输出电压,如图 2-20 所示。Ⅰ、Ⅱ二路每一路均可输出 0～32V、0～2A 直流电源。它们具有恒压、恒流功能,且这两种模式可随负载变化而进行自动转换。它们还具有串联主-从工作功能,Ⅰ路为主路,Ⅱ路为从路,在跟踪状态下,从路的输出电压随主路的变化而变化,这特别适用需要对称且可调双极性电源的场合。串联工作或串联跟踪工作时,可输出 0～64V、0～2A 或 ±(0～32)V、0～2A 的单极性或双极性电源。每一路输出均有电表指示输出值,能有效防止误操作造成仪器损坏。

Ⅲ 路为固定 5V、0～2A 直流电源,供 TTL 电路单片机实验使用。

2. EM1700 系列稳压电源面板说明

➤ 电压表:指示输出电压。

➤ 电流表:指示输出电流。

➤ 电压调节:调整恒压输出值。

➤ 电流调节:调整恒流输出值。

➤ 跟踪工作:串联跟踪工作按钮。

➤ 独立:非跟踪工作。

➤ 接地端:机壳接地接线柱。

➤ Ⅲ路输出:固定 5V 输出。

图 2-20 EM1700 系列稳压电源

3. 使用方法

(1) 面板上根据功能色块分布,Ⅰ区内的按键为Ⅰ路仪表指示功能选择,按入时,指示该路输出电流;按出时,指示该路输出电压。Ⅱ路和Ⅰ路相同。

(2) 中间按键是跟踪/独立选择开关按入时,在Ⅰ路输出负端至Ⅱ路输出正端加一短接线,开启电源后,整机即工作在主-从跟踪状态。

(3) 恒定电压的调节在输出端开路时调节,恒定电流的调节在输出端短路时调节设定。

(4) 电源输入为三线,机壳接地,以保证安全及减小输出纹波,以及接地电位差造成的杂波干扰,即 50Hz 干扰。

(5) Ⅲ路输出为固定 +5V,Ⅰ端接机壳。

(6) Ⅰ、Ⅱ两路输出为悬浮式,用户可根据自己的使用情况将输出接入自己系统的地电位。串联工作或串联主-从跟踪工作时,两路的四个输出端子原则上只允许有一个端子与机壳地直连。

第3章

印制电路板的设计与制作

印制电路板(printed circuit board,PCB)也称为印制线路板、印刷电路板,简称印制板。印制电路板是电子产品的载体,在各种电子设备中有如下功能:

(1) 提供各种电子元器件固定、装配的机械支撑。

(2) 实现各种电子元器件之间的布线和电气连接、信号传输或电绝缘。提供所要求的电气特性,如特性阻抗等。

(3) 为自动装配提供阻焊、助焊图形,为元器件插装、检查、维修提供识别字符和图形。

印制电路板的应用降低了传统方式下的接线工作量,简化了电子产品的装配、焊接、调试工作,缩小了整机的体积,降低了产品的成本,提高了电子设备的质量和可靠性。另外,印制电路板具有良好的产品一致性,可以采用标准化设计,有利于生产过程中实现机械化和自动化,也便于整机产品的互换和维修。随着电子工业的飞速发展,印制板的使用已日趋广泛,可以说它是电子设备的关键互连件,任何电子设备均需配备。因此,印制电路板的设计与制作已成为学习电子技术和制作电子装置的基本功之一。

3.1 印制电路板的设计

在电子产品设计中,电路原理图不过是设计思想的初步体现,而要最终实现整机功能则要通过印制电路板这个实体。印制电路板的设计,就是根据电路原理图设计出印制电路板图,它是整机工艺设计的重要一环,也是一门综合性的学科,需要考虑到如选材、布局、抗干扰等诸多问题。

印制电路板的设计有两种方式:人工设计和计算机辅助设计。尽管设计方式不同,设计方法也不同,但设计原则和基本思路是一致的,都必须符合原理图的电气连接以及产品电气性能、机械性能的要求,同时考虑印制板加工工艺和电子装配工艺的基本要求。

3.1.1 印制电路板的基本概念

1. 印制板的组成

印制板主要由绝缘底板(基板)和印制电路(也称导电图形)组成,具有导电线路和绝缘底板的双重作用。

（1）基板。基板是由绝缘隔热、不易弯曲的材料所制成，一般常用的基板是敷铜板，又称覆铜板，全称敷铜箔层压板。敷铜板的整个板面上通过热压等工艺贴敷着一层铜箔。

（2）印制电路。覆铜板被加工成印制电路板时，许多覆铜部分被蚀刻处理掉，留下来的那些各种形状的铜膜材料就是印制电路，它主要由印制导线和焊盘等组成。

① 印制导线：用来形成印制电路的导电通路。

② 焊盘：用于印制板上电子元器件的电气连接、元件固定或两者兼备。

③ 过孔和引线孔：分别用于不同层面印制电路之间的连接以及印制板上电子元器件的定位。

（3）助焊膜和阻焊膜。在印制电路板的焊盘表面可看到许多比之略大的各浅色斑痕，这就是为提高可焊性能而涂覆的助焊膜。

印制电路板上非焊盘处的铜箔是不能粘锡的，因此印制板上焊盘以外的各部位都要涂覆绿色或棕色的一层涂料——阻焊膜。这一绝缘防护层不但可以防止铜箔氧化，也可以防止桥焊的产生。

（4）丝印层。为了方便元器件的安装和维修等，印制板的板上有一层丝网印刷面（图标面）——丝印层，这上面会印上标志图案和各元器件的电气符号、文字符号（大多是白色）等，主要用于标示出各元器件在板子上的位置，因此印制板上有丝印层的一面常称为元件面。

2. 印制板的种类

印制板根据其基板材质刚、柔强度不同，分为刚性板、挠性板以及刚挠结合板，又根据板面上印制电路的层数分为单面板、双面板以及多层板。

1）单面板

指仅一面上有印制电路的印制板。这是早期电路（THT 元件）上使用的板子，元器件集中在其中一面——元件面，印制电路则集中在另一面上——印制面或焊接面，两者通过焊盘中的引线孔形成连接。单面板在设计线路上有许多严格的限制，如布线间不能交叉而必须绕独自的路径。

2）双面板

指两面均有印制电路的印制板。这类印制板，两面导线的电气连接是靠穿透整个印制板并金属化的通孔来实现的。相对来说，双面板的可利用面积比单面板大了一倍，并且有效地解决了单面板布线间不能交叉的问题。图 3-1 是一个双面板的示意图。

丝印层
铜箔层
阻焊层

图 3-1　PCB 结构示意图

3）多层板

它指由多于两层的印制电路与绝缘材料交替粘结在一起,且层间导电图形互连的印制板。如用一块双面作内层、二块单面作外层,每层板间放进一层绝缘层后粘牢(压合),便有了四层的多层印制板。板子的层数就代表了有几层独立的布线层,通常层数都是偶数,并且包含最外侧的两层。比如大部分计算机的主机板都是 4 到 8 层的结构。在多层板中,各面导线的电气连接采用埋孔和盲孔技术来解决。

3. 印制板的安装技术

印制电路板的安装技术可以说是现代发展最快的制造技术,目前常见的主要有传统的通孔插入式和代表着当今安装技术主流的表面粘贴式。

1）通孔插入式安装技术(through hole technology,THT)

通孔插入式安装也称为通孔安装,适用于长管脚的插入式封装的元件。安装时将元件安置在印制电路板的一面,而将元件的管脚焊在另一面上。这种方式要为每只管脚钻一个孔,其实占掉了两面的空间,并且焊点也比较大。显然这一方式难以满足电子产品高密度、微型化的要求。

2）表面粘贴式安装技术(surface mounted technology,SMT)

表面粘贴式安装也称为表面安装,适用于短管脚的表面粘贴式封装的元件。安装时管脚与元件是焊在印制电路板的同一面上。这种方式无疑将大大节省印制板的面积,同时表面粘贴式封装的元件较之插入式封装的元件体积也要小许多,因此 SMT 技术的组装密度和可靠性都很高。当然,这种安装技术因为焊点和元件的管脚都非常小,人工焊接有一定的难度。

3.1.2　印制电路板的设计准备

进入印制板设计阶段前,许多具体要求及参数应该基本确定了,如电路方案、整机结构、板材外形等。不过在印制板设计过程中,这些内容都可能要进行必要的调整。

1. 确定电路方案

设计出的电路方案一般首先应进行实验验证——用电子元器件把电路搭出来或者用计算机仿真,这不仅是原理性和功能性的,同时也应当是工艺性的。

(1)通过对电气信号的测量,调整电路元器件的参数,改进电路的设计方案。

(2)根据元器件的特点、数量、大小以及整机的使用性能要求,考虑整机的结构尺寸。

(3)从实际电路的功能、结构与成本角度,分析成品适用性。

通过对电路实验的结果进行分析,可以确认以下几点:

(1)电路原理。包括整个电路的工作原理和组成,各功能电路的相互关系和信号流程。

(2)印制电路板的工作环境及工作机制。

(3)主要电路参数。

(4)主要元器件和部件的型号、外形尺寸及封装。

2. 确定印制板的板材、形状、尺寸和厚度

1）板材

对于印制板电路板的基板材料的选择,不同板材的机械性能与电气性能有很大的差别。目前国内常见覆铜板的种类见表 3-1。确定板材主要是从整机的电气性能、可靠性、加工工艺要求、经济指标等方面考虑。分立元器件的引线少,排列位置便于灵活变换,其电路常用单面板。双面板多用于集成电路较多的电路。

表 3-1 常用覆铜板及其特点

名 称	铜箔厚度/μm	特 点	应 用
覆铜酚醛纸质层压板	50~70	多呈黑黄色或淡黄色。价格低,阻燃强度低,易吸水,不耐高温	中低档民用品如收音机、录音机等
覆铜环氧纸质层压板	35~70	价格高于覆铜酚醛纸质层压板,机械强度、耐高温和防潮湿等性能较好	工作环境好的仪器、仪表及中档以上民用品
覆铜环氧玻璃布层压板	35~50	多呈青绿色并有透明感。价格较高,性能优于覆铜环氧纸质层压板	工业、军用设备,计算机等高档电器
覆铜聚四氟乙烯玻璃布层压板	35~50	价格高,介电常数低,介质损耗低,耐高温,耐腐蚀	微波、高频、航空航天

2) 印制板的形状

印制电路板的形状由整机结构和内部空间的大小决定,外形应该尽量简单,最佳形状为矩形(正方形或长方形,长:宽=3:2 或 4:3),避免采用异形板。当电路板面尺寸大于 200mm×150mm 时,应考虑印制电路板的机械强度。

3) 印制板的尺寸

尺寸的大小根据整机的内部结构和板上元器件的数量、尺寸及安装、排列方式来决定,同时要充分考虑到元器件的散热和邻近走线易受干扰等因素。

(1) 面积应尽量小,面积太大则印制线条长而使阻抗增加,抗噪声能力下降,成本也高。

(2) 元器件之间保证有一定间距,特别是在高压电路中,更应该留有足够的间距。

(3) 要注意发热元件安装散热片占用面积的尺寸。

(4) 板的净面积确定后,还要向外扩出 5~10mm,便于印制板在整机中的安装固定。

4) 印制板的厚度

覆铜板的厚度通常为 1.0、1.5、2.0mm 等。在确定板的厚度时,主要考虑对元器件的承重和振动冲击等因素。如果板的尺寸过大或板上的元器件过重,都应该适当增加板的厚度或对电路板采取加固措施,否则电路板容易产生翘曲。

3. 确定印制板对外连接的方式

印制板是整机的一个组成部分,必然存在对外连接问题。例如,印制板之间、印制板与板外元器件、印制板与设备面板之间都需要电气连接。这些连接引线的总数要尽量少,并根据整机结构选择连接方式,总的原则应该使连接可靠,安装、调试、维修方便,成本低廉。

1) 导线焊接方式

这是一种最简单、廉价而可靠的连接方式,不需要任何接插件,只要用导线将印制板上的对外连接点与板外的元器件或其他部件直接焊接。其优点是成本低,可靠性高,可以避免因接触不良而造成的故障;缺点是维修不够方便,一般适用于对外引线比较少的场合。

2) 插接件连接

在比较复杂的仪器设备中,经常采用接插件连接方式。这种"积木式"的结构不仅保证了产品批量生产的质量,降低成本,也为调试、维修提供了极为便利的条件。

(1) 印制板插座:板的一端做成插头,插头部分按照插座的尺寸、接点数、接点距离、定位孔的位置等进行设计。此方式装配简单、维修方便,但可靠性较差,常因插头部分被氧化或插座簧片老化而接触不良。

(2) 插针式接插件:插座可装焊在印制板上,在小型仪器中用于印制电路板的对外连接。

(3) 带状电缆接插件:扁平电缆由几十根并排粘合在一起,电缆插头将电缆两端连接起来,插座的部分直接装焊在印制板上。电缆插头与电缆的连接不是焊接,而是靠压力使连接端上的刀口刺破电缆的绝缘层来实现电气连接,其工艺简单可靠。这种方式适于低电压、小电流的场合,能够可靠的同时连接几路或几十路微弱信号,不适合用在高频电路中。

4. 印制板固定方式的选择

印制板在整机中的固定方式有两种:一种采用接插件连接方式固定;另一种采用螺钉紧固,将印制板直接固定在基座或机壳上,这时要注意当基板厚度为 1.5mm 时,支承间距不超过 90mm,而厚度为 2mm 时,支承间距不超过 120mm。支承间距过大,会造成抗振动或冲击能力降低,影响整机可靠性。

3.1.3 印制电路板的排版布局

所谓排版布局就是把电路图上所有的元器件都合理地安排到面积有限的印制板上。这是印制板设计的第一步,关系着整机是否能够稳定、可靠地工作,乃至今后的生产工艺和造价等多方面。

1. 整机电路的布局原则

1) 就近原则

当板上对外连接确定后,相关电路部分应该就近安排,避免绕远路。

2) 信号流原则

将整个电路按照功能划分成若干个电路单元,按照电信号的流向,逐个依次安排各个功能电路单元在板上的位置,使布局便于信号流通,并使信号流尽可能保持一致的方向,从上到下或从左到右。

(1) 与输入、输出端直接相连的元器件应安排在输入、输出接插件或连接件的附近。

(2) 对称式的电路,如桥式电路、差动放大器等,应注意元件的对称性,尽可能使其分布参数一致。

(3) 每个单元电路,应以核心元件为中心,围绕它进行布局,尽量减少和缩短各元器件之间的引线和连接。

3) 优先考虑确定特殊元器件的位置

在着手设计板面,决定整机电路布局时,应该分析电路原理,首先决定特殊元件的位置,然后再安排其他元件,尽量避免可能产生干扰的因素。

(1) 发热量较大的元件应加装散热器,尽可能放置在有利于散热的位置以及靠近机壳处。热敏元件要远离发热元件。

(2) 对于质量超过 15g 的元器件(如大型电解电容),应另加支架或紧固件,不能直接焊在印制板上。

(3) 尽可能缩短高频元器件之间的连线,设法减少它们的分布参数和相互间的电磁干扰。易受干扰的元器件应加屏蔽。

（4）同一板上的有铁芯的电感线圈，应尽量相互垂直放置且远离，以减少相互间的耦合。

（5）某些元器件或导线之间可能有较高的电位差，应加大它们之间的距离，以免放电引起意外短路。高压电路部分的元器件与低压部分间隔不少于2mm。

（6）高频电路与低频电路不宜靠太近。

（7）电感器、变压器等器件放置时要注意其磁场方向，避免磁力线对印制导线的切割。

4）注意操作性能对元器件位置的要求

（1）对于电位器、可调电容、可调电感等可调元器件的布局，应考虑整机的结构要求。若是机内调节，应放在印制板上方便于调节的地方；若是机外调节，其位置要与调节旋钮在机箱面板上的位置相适应。

（2）为了保证调试、维修时的安全，特别要注意对于带高电压的元器件，要尽量布置在操作时人手不易触及的地方。

2. 元器件的安装与布局

1）元器件的布局

在印制板的排版设计中，元器件的布设至关重要，不仅决定了板面的整齐美观程度以及印制导线的长度和数量，对整机的性能也有一定的影响。重要元器件的布局如图3-2所示。元器件的布设应遵循以下原则：

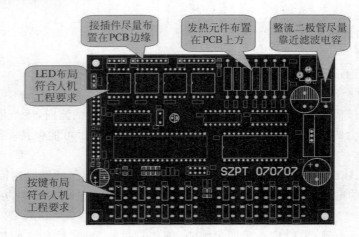

图 3-2　重要元器件的布局

（1）元件在整个板面上的排列要均匀、整齐、紧凑。单元电路之间的引线应尽可能短，引出线的数目尽可能少。

（2）元器件不要占满整个板面，注意板的四周要留有一定的空间。位于印制板边缘的元件，距离板的边缘应该大于2mm。

（3）每个元件的引脚要单独占一个焊盘，不允许引脚相碰。

（4）相邻的两个元件之间要保持一定的间距，以免元件之间的碰接。个别密集的地方须加装套管。若相邻的元器件的电位差较高，要保持不小于0.5mm的安全距离。

（5）元器件的布设不得立体交叉和重叠上下交叉，避免元器件外壳相碰。

（6）元器件的安装高度要尽量低，一般元件体和引线离开板面不要超过5mm，过高则承受振动和冲击的稳定性较差,容易倒伏与相邻元器件碰接。如果不考虑散热问题,元器件应紧贴板面安装。图 3-3 所示为一手动布局实例。

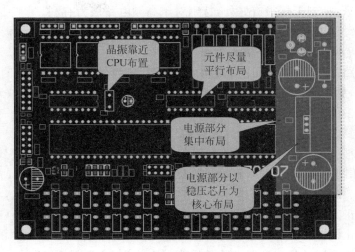

图 3-3 手动布局实例

2）元器件的安装方式

在将元件按原理图中的电气连接关系安装在电路板上之前,事先应通过查资料或实测元件确定元件的安装数据,这样再结合板面尺寸,便可选择元器件的安装方式。元器件的安装方式可分为卧式与立式两种。卧式是指元件的轴向与板面平行,立式则是垂直的。

（1）立式安装：立式固定的元器件占用面积小,单位面积上容纳元器件的数量多。这种安装方式适合于元器件排列密集紧凑的产品。立式安装的元器件要求体积小、重量轻,过大、过重的元器件不宜使用。

（2）卧式安装：与立式安装相比,元器件具有机械稳定性好、板面排列整齐等优点,卧式安装使元器件的跨距加大,两焊点之间容易走线,导线布设十分有利。

无论选择哪种安装方式进行装配,元器件的引线都不要齐根弯折,应该留有一定的距离,一般不少于 2mm,以免损坏元器件。

3）元器件的排列格式

元器件在印制板上的排列格式与产品种类和性能要求有关,通常有不规则排列、规则排列以及栅格排列三种。

（1）不规则排列：也称为随机排列。元器件的轴线方向彼此不一致,在板上的排列顺序也没有一定规则（如图 3-4（a）所示）。

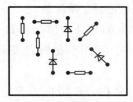 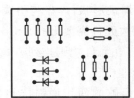 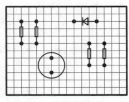

(a) 不规则排列   (b) 规则排列   (c) 栅格排列

图 3-4 元器件的排列方式

　　这种方式排列的元器件看起来显得杂乱无章,但由于元器件不受位置与方向的限制,印制导线布设方便,可以缩短、减少元器件的连线,降低板面印制导线的总长度。这对于减少线路板的分布参数、抑制干扰很有好处,特别对于高频电路极为有利。

　　(2)规则排列:也称为坐标排列。元器件的轴线方向排列一致,并与板的四边垂直、平行(如图 3-4(b)所示)。这种排列格式美观、易装焊、便于批量生产。

　　除了高频电路之外,一般电子产品中的元器件都应当尽可能平行或垂直地排列,卧式安装固定元器件时,更要以规则排列为主。此方式特别适用于板面相对宽松、元器件种类相对比较少而数量较多的低频电路。元器件的规则排列要受到方向和位置的一定限制,印制板上导线的布设要复杂一些,导线的长度也会相应增加。

　　(3)栅格排列:也称为网格排列。与规则排列相似,但要求焊盘的位置一般要在正交网格的交点上(如图 3-4(c)所示)。这种排列格式整齐美观、便于测试维修,尤其利于自动化设计和生产。

　　栅格为等距正交网格,在国际 IEC 标准中栅格格距为 2.54mm(0.1in)=1 个 IC 间距。对于计算机自动化设计和元器件自动化焊装,这一格距标准有着十分重要的实际意义。大功率电位器和晶体管以及集成电路芯片的管脚间距均为 IC 间距的倍数。

3.1.4　印制电路的设计

　　元器件在印制板上的固定是靠引线焊接在焊盘上实现的,元器件彼此之间的电气连接则要靠印制导线。

1. 焊盘的设计

　　焊盘是印制在引线孔周围的铜箔部分,供焊装元器件的引线和跨接导线用。设计焊盘时,要综合考虑该元器件的形状、大小、布置形式、振动以及受热情况、受力方向等因素。

　　1)焊盘的形状

　　焊盘的形状很多,常见的为岛形、圆形、椭圆形以及方形等几种,如图 3-5 所示。

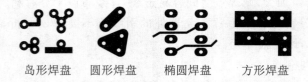

岛形焊盘　　圆形焊盘　　椭圆焊盘　　方形焊盘

图 3-5　焊盘的几种形状

　　(1)岛形焊盘。焊盘与焊盘之间的连线合为一体,犹如水上小岛,故称为岛形焊盘。岛形焊盘常用于元件的不规则排列,特别是当元器件采用立式不规则固定时更为普遍。

　　(2)圆形焊盘。这是最常用的焊盘形状,焊盘与引线孔是同心圆,焊盘的外径一般为孔的 2～3 倍。在同一块板上,除个别大元件需要大孔外,一般焊盘的外径应取为一致,这样不仅美观,而且容易绘制。圆形焊盘多在元件规则排列方式中使用,双面印制板也多采用圆形焊盘。

　　(3)椭圆焊盘。这种焊盘既有足够的面积增强抗剥强度,又在一个方向上尺寸较小有利于中间走线。常用于双列直插式集成电路器件或插座类元件。

　　(4)方形焊盘。印制板上元器件体积大、数量少且线路简单时,多采用方形焊盘。这种形式的焊盘设计制作简单,精度要求低,容易实现。在一些手工制作的印制板中,只需用刀刻断或刻掉一部分铜箔即可。在一些大电流的印制板上也多用这种形式,它可以获得大的载流量。

焊盘的形状还有泪滴式、开口式、矩形、多边形以及异形孔等多种。在印制电路设计中,不必拘泥于一种形式的焊盘,要根据实际情况灵活变换。

2) 焊盘的大小

圆形焊盘的大小尺寸主要取决于引线孔直径和焊盘外径,其他焊盘种类可参考其确定。

(1) 引线孔直径:引线孔钻在焊盘中心,孔径应该比焊接的元器件引线的直径略大一些,这样才能便于插装元器件。但是孔径也不宜过大,否则在焊接时不仅用锡量多,也容易因为元器件的活动而形成虚焊,使焊接的机械强度降低,同时过大的焊点也可能造成焊盘的剥落。元器件引线孔的直径优先采用 0.5、0.8、1.0mm 等尺寸。在同一块电路板上,孔径的尺寸规格应尽量统一,要避免异型孔,便于加工。

(2) 焊盘外径:焊盘的外径一般要比引线孔的直径大 1.3mm 以上,即若焊盘的外径为 D,引线孔的直径为 d,应有 $D > d + 1.3mm$。在高密度电路板上,焊盘的最小直径可以为 $D = d + 1.0mm$。设计时,在不影响印制板布线密度的情况下,焊盘的外径宜大不宜小,否则会因过小的焊盘外径,在焊接时造成粘断或剥落。

(3) 焊盘的定位:元器件的每个引出线都要在印制板上占据一个焊盘,焊盘的位置随元器件的尺寸及其固定方式而改变。总的定位原则是:焊盘位置应该尽量使元器件排列整齐一致,尺寸相近的元件,其焊盘间距应力求统一。这样,不仅整齐、美观,而且便于元器件装配及引线弯脚。对于立式固定和不规则排列的板面,焊盘的位置可以不受元器件尺寸与间距的限制;对于卧式固定和规则排列的板面,要求每个焊盘的位置及彼此间距离必须遵守一定标准;对于栅格排列的板面,要求每个焊盘的位置一定在正交网格的交点上。

2. 印制导线的设计

焊盘之间的连接铜箔即印制导线。设计印制导线时,更多要考虑的是其允许载流量和对整个电路电气性能的影响。

1) 印制导线的宽度

印制导线的宽度主要由铜箔与绝缘基板之间的粘附强度和流过导线的电流强度来决定,宽窄要适度,与整个板面及焊盘的大小相协调。一般印制板上的铜箔厚度多为 0.05mm,导线的宽度选 1~1.5mm 即可满足电路需要。印制导线宽度与最大工作电流的关系见表 3-2。

表 3-2　印制导线最大允许工作电流

导线宽度/mm	1	1.5	2	2.5	3	3.5	4
导线截面积/mm²	0.05	0.075	0.1	0.125	0.15	0.175	0.2
导线电流/A	1	1.5	2	2.5	3	3.5	4

(1) 对于集成电路的信号线,导线的宽度可以选 1mm 以下,甚至 0.25mm。

(2) 对于电源线、地线及大电流的信号线,应适当加大宽度。若条件允许,电源线和地线的宽度可以放宽到 4~5mm,甚至更宽。

只要印制板面积及线条密度允许,就应尽可能采用较宽的印制导线。

2）印制导线的间距

导线之间的间距，应当考虑导线之间的绝缘电阻和击穿电压在最坏工作条件下的要求。印制导线越短，间距越大，绝缘电阻按比例增加。

导线之间距离在 1.5mm 时，绝缘电阻超过 10MΩ，允许的工作电压可达 300V 以上，间距为 1mm 时，允许电压为 200V。为了保证产品的可靠性，应该尽量使印制导线的间距不小于 1mm。一般设计中，间距及电压的安全参考值见表 3-3。

表 3-3　印制导线间距最大允许工作电压

导线间距/mm	0.5	1	1.5	2	3
工作电压/V	100	200	300	500	700

3）避免导线的交叉

在设计印制板时，应尽量避免导线的交叉。这一要求对于双面板比较容易实现，单面板相对要困难一些。在设计单面板时，可能遇到导线绕不过去而不得不交叉的情况，这时可以在板的另一面（元件面）用导线跨接交叉点，即"跳线"、"飞线"，当然，这种跨接线应尽量少。使用"飞线"时，两跨接点的距离一般不超过 30mm，"飞线"可用 1mm 的镀铝铜线，要套上塑料管。

4）印制导线的形状与走向

由于印制板上的铜箔粘贴强度有限，浸焊时间较长会使铜箔翘起和脱落，同时考虑到印制导线的间距，因此在设计印制导线时应注意下列几点：

（1）以短为佳，能走捷径就不要绕远。尤其是高频部分布线尽可能短且直，以防自激。

（2）除电源线、地线等特殊导线外，导线粗细要均匀，不要突然由粗变细或由细变粗。

（3）走线平滑自然为佳，避免急拐弯和尖角，拐角不得小于 90°，否则会引起印制导线的剥离或翘起，同时尖角对高频和高电压的影响也较大。最佳的拐角形式应是平缓的过渡，即拐角的内角和外角都是圆弧，如图 3-6 所示。

辅助加固导线

图 3-6　印制导线的拐角、导线与焊盘连接以及辅助加固导线

（4）印制导线应避免呈一定角度与焊盘相连，要从焊盘的长边中心处与之相连，并且过渡要圆滑（如图 3-6 所示）。

（5）有时为了增加焊接点（焊盘）的牢固，可在单个焊盘或连接较短的两焊盘上加一小条印制导线，即辅助加固导线，也称工艺线，如图 3-6 所示，这条线不起导电的作用。

（6）导线通过两焊盘之间而不与它们连通时，应与它们保持最大且相等的间距（如图 3-7 所示），同样，导线之间的距离也应当均匀地相等并保持最大。

（7）如果印制导线的宽度超过 5mm，为了避免铜箔因气温变化或焊接时过热而鼓起或脱落，要在线条中间留出圆形或缝状的空白处——镂空处理，如图 3-8 所示。

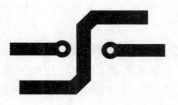
图 3-7 导线通过焊盘

图 3-8 导线中间开槽

（8）尽量避免印制导线分支，如图 3-9 所示。

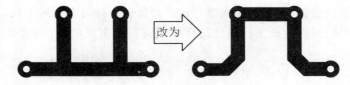
图 3-9 避免印制导线分支

（9）在板面允许的条件下，电源线及地线的宽度应尽量宽一些，即使面积紧张一般也不要小于 1mm。特别是地线，即使局部不允许加宽，也应在允许的地方加宽以降低整个地线系统的电阻。

（10）布线时应先考虑信号线，后考虑电源线和地线。因为信号线一般比较集中，布置的密度比较高，而电源线和地线要比信号线宽得多，对长度的限制要小得多。

3. 过孔和引线孔的设计

过孔和引线孔也是印制电路的重要组成部分之一，前者用作各层间电气连接，后者用作元器件固定或定位。

1）过孔

过孔是连接电路的"桥梁"。过孔的孔壁圆柱面上用化学沉积的方法镀上一层金属。

过孔一般分为三类：盲孔、埋孔和通孔（见图 3-10）。盲孔位于印刷线路板的顶层和底层表面，是将几层内部印制电路连接并延伸到印制板一个表面的导通孔；埋孔位于印刷线路板内层，是连接内部的印制电路而不延伸到印制板表面的导通孔；通孔则穿过整个线路板，在工艺上易于实现，成本较低，因此使用也最多。通孔一般只用于电气连接，不用于焊接元件。一般而言，设计过孔时有以下原则：

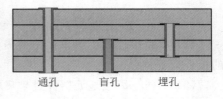
图 3-10 过孔的种类

（1）尽量少用过孔。对于两点之间的连线而言，经过的过孔太多会导致可靠性下降。

（2）过孔越小则布线密度越高，但过孔的最小极限往往受到技术设备条件的制约。一般过孔的孔径可取 0.6~0.8mm。

（3）需要的载流量越大，所需的过孔尺寸越大，如电源层或地层与其他层连接所用的过孔就要大一些。

2）引线孔

引线孔也称为元件孔，兼有机械固定和电气连接的双重作用。引线孔的孔径取决于元器件引线的直径大小。若器件引线的直径为 d_1，引线孔的孔径为 d，通常取 $d = d_1 + 0.3\text{mm}$。

另外，印制电路板上还有一些不属于印制电路范畴的安装孔和定位孔，设计时同样要认真对待。安装孔用于机械安装印制板或机械固定大型元器件，其孔径按照安装需要选取，优选系列为 2.2、3.0、3.5、4.0、4.5、5.0、6.0mm；定位孔（可以用安装孔代替）用于印制板加工和检测定位，一般采用三孔定位方式，孔径根据装配工艺选取。

3.1.5 印制电路板的抗干扰设计

在印制电路板的设计中，为了使所设计的产品能够更好且有效地工作，就必须考虑它的抗干扰能力。印制电路板的抗干扰设计与具体电路有着密切的关系，这里仅就几项常用措施作一些说明。

1. 地线设计

电路中接地点的概念表示零电位，其他电位均相对于这一点而言。在实际印制电路板上，地线并不能保证是绝对零电位，往往存在一个很小的非零电位值。由于电路中的放大作用，这小小的电位便可能产生影响电路性能的干扰——地线共阻抗干扰。消除地线共阻抗干扰的方法主要有以下几点：

1）尽量加粗接地线

若接地线很细，接地电位则随电流的变化而变化，致使电子设备的定时信号电平不稳，抗噪声性能变坏。因此应将接地线尽量加粗，使它能通过三倍于印制电路板的允许电流。如有可能，接地线的宽度应大于 3mm。

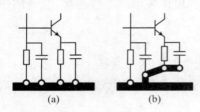

图 3-11　单点接地

2）单点接地

单点接地（也称一点接地）是消除地线干扰的基本原则，即将电路中本单元（级）的各接地元器件尽可能就近接到公共地线的一段或一个区域里，如图 3-11（a）所示，也可以接到一个分支地线上，如图 3-11（b）所示。

（1）这里所说的"点"是指可以忽略电阻的几何导电图形，如大面积接地、汇流排、粗导线等。

（2）单点接地除了本单元的板内元器件外，还包括与本单元直接连接或通过电容连接的板外元器件。

（3）为防止因接地元器件过于集中而造成排列拥挤，在一级电路中可采用多个分支（分地线），但这些分支不可与其他单元的地线连接。

（4）高频电路采用大面积接地方法，不能采用分地线，但单点接地一样十分必要——将本单元（级）的各接地元器件尽可能安排在一个较小的区域里。

另外，当一块印制电路板由多个单元电路组成、一个电子产品由多块印制电路板组成时，都应该采用单点接地方式以消除地线干扰，如图 3-12 所示。

3）合理设计板内地线布局

通常一块印制电路板都有若干个单元电路，板上的地线是用来连接电路各单元或各部分之间接地的。板内地线布局主要应防止各单元或各部分之间的全电流共阻抗干扰。

（1）各部分（必要时各单元）的地线必须分开，即尽量避免不同回路的电流同时流经某

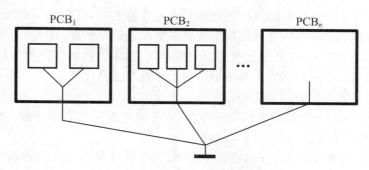

图 3-12　多板、多单元单点接地

一段共用地线。

① 在高频电路和大电流回路中,尤其要讲究地线的接法。把"交流电"和"直流电"分开,是减少噪声通过地线串扰的有效方法。

② 电路板上既有高速逻辑电路,又有线性电路,应使它们尽量分开,而两者的地线不要相混,分别与电源端地线相连。同时要尽量加大线性电路的接地面积。

③ 对于既有小信号输入端,又有大信号输出端的电路,它们的接地端务必分别用导线引到公共地线上,不能共用一根接地线。

(2) 为消除或尽量减少各部分的公共地线段,总地线的引出点必须合理。

(3) 为防止各部分通过总地线的公共引出线而产生的共阻抗干扰,在必要时可将某些部分的地线单独引出。特别是数字电路,必要时可以按单元、按工作状态或按集成块分别设置地线,各部分并联汇集到一点接地,如图 3-13(b)所示。

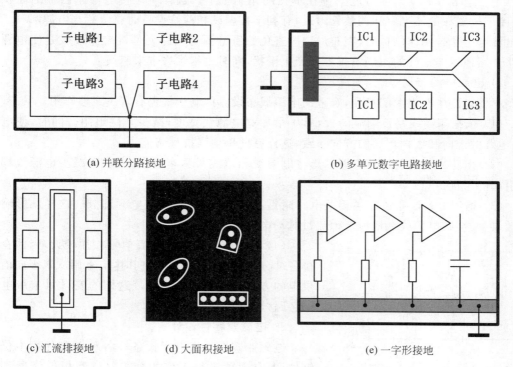

图 3-13　板内地线布局方式

（4）设计只由数字电路组成的印制电路板的地线系统时，将接地线做成闭环路可以明显地提高抗噪声能力。因为印制电路板上有很多集成电路元件，尤其遇有耗电多的元件时，因受接地线粗细的限制，会在地线上产生较大的电位差，引起抗噪声能力下降，若将接地结构做成环路，则会缩小电位差值，提高电子设备的抗噪声能力。

板内地线布局的方式有以下几种：

（1）并联分路式：一块板内有几个子电路（或几级电路）时，各子电路（各级）地线分别设置，并联汇集到一点接地，如图 3-13（a）所示。

（2）汇流排式：该方式适用于高速数字电路，如图 3-13（c）所示。布设时板上所有 IC 芯片的地线与汇流排接通。汇流排是由 0.3～0.5mm 的铜箔板镀银而成，直流电阻很小，又具有条形对称传输线的低阻抗特性，可以有效减少干扰，提高信号传输速度。

（3）大面积接地：该方式适用于高频电路，如图 3-13（d）所示，布设时板上所有能使用的面积均布设为地线。采用这种布线方式的元器件一般都采用不规则排列并按信号流向布设，以求最短的传输线和最大的接地面积。

（4）一字形地线：当板内电路不复杂时可采用一字形地线布设，如图 3-13（e）所示。布设时要注意地线应有足够宽度且同一级电路接地点尽可能靠近，总接地点在最后一级。

2．电源线设计

任何电子仪器都需要电源供电，绝大多数直流电源是由交流电通过降压、整流、稳压后供出的。供电电源的质量会直接影响整机的技术指标，因此在排版设计中电源及电源线的合理布局对消除电源干扰有着重要的意义。

1）稳压电源的布局

稳压电源在布局时尽可能安排在单独的印制板上。这样可以使电源印制板的面积减小，便于放置在滤波电容和调整管附近，有利于在调试和检修设备时将负载与电源断开。而当电源与电路合用印制板时，在布局中应避免稳压电源与电路元件混合布设或是使电源和电路合用地线。这样的布局不仅容易产生干扰，同时也给维修带来麻烦。

2）电源线的布局

尽管电路中有电源的存在，合理的电源线布设对抑制干扰仍有着决定性作用。

（1）根据印制线路板电流的大小，尽量加宽电源线宽度，减少环路电阻。同时，使电源线、地线的走向和数据传递的方向一致，这样有助于增强抗噪声能力。

（2）在设计印制电路时应当尽量将电源线和地线紧紧布设在一起，以减少电源线耦合所引起的干扰。

（3）退耦电路应布设在各相关电路附近，而不要集中放置在电源部分。这样既影响旁路效果，又会在电源线和地线上因流过脉动电流造成串扰。

（4）由于末级电路的交流信号往往较大，因此在安排各部分电路内部的电源走向时，应采用从末级向前级供电的方式，如图 3-14 所示。这样的安排对末级电路的旁路效果最好。

3．电磁兼容性设计

电磁兼容性是指电子设备在各种电磁环境中仍能够协调、有效地进行工作的能力。印制板使元器件紧

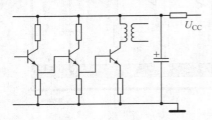

图 3-14　电路内部的电源走向

凑,连接密集,如果设计不当则会产生电磁干扰,给整机工作带来麻烦。电磁干扰无法完全避免,只能在设计中设法抑制。

1) 采用正确的布线策略

(1) 选择合理的导线宽度

由于瞬变电流在印制线条上所产生的冲击干扰主要是由印制导线的电感成分造成的,因此应尽量减小印制导线的电感量。印制导线的电感量与其长度成正比,与其宽度成反比,因而短而粗的导线对抑制干扰是有利的。时钟引线、行驱动器或总线驱动器的信号线常常载有大的瞬变电流,印制导线要尽可能地短。对于分立元件电路,印制导线宽度在 1.5mm 左右时即可完全满足要求,对于集成电路,印制导线宽度可在 0.2~1.0mm 之间选择。

(2) 避免印制导线之间的寄生耦合

两条相距很近的平行导线,它们之间的分布参数可以等效为相互耦合的电感和电容,当信号从一条线中通过时,另外一条线路内也会产生感应信号——平行线效应。平行线效应与导线长度成正比,所以为了抑制印制板导线之间的串扰,布线时导线越短越好,并尽可能拉开线与线之间的距离。在一些对干扰十分敏感的信号线之间设置一根接地的印制线,可以有效地抑制串扰。

(3) 避免成环

由无线电理论可知,一定形状的导体对一定波长的电磁波可实现发射或接收——天线效应。在高频电路的印制板设计中,天线效应尤其不可忽视。印制板上的环形导线相当于单匝线圈或环形天线,使电磁感应和天线效应增强。布线时最好按信号流向顺序,忌迂回穿插,以避免成环。

(4) 远离干扰源或交叉通过

布线时信号线要尽量远离电源线、高电平导线这些干扰源。如果实在无法躲避,最好采用井字形网状布线结构——交叉通过。对于单面板用“飞线”过渡,对于双面印制板的一面横向布线,另一面纵向布线,交叉处用金属化过孔相连。

(5) 印制导线屏蔽

有时某种信号线密集地平行排列,而且无法摆脱较强信号的干扰,可采取大面积屏蔽地、专置电线环、使用专用屏蔽线等措施来解决干扰的问题。

(6) 抑制反射干扰

为了抑制出现在印制线条终端的反射干扰,除了特殊需要之外,应尽可能缩短印制线的长度和采用慢速电路。必要时可加终端匹配,即在传输线的末端对地和电源端各加接一个相同阻值的匹配电阻。根据经验,对一般速度较快的 TTL 电路,其印制线条长于 10cm 时就应采用终端匹配措施。匹配电阻的阻值应根据集成电路的输出驱动电流及吸收电流的最大值来决定。

2) 设法远离干扰磁场

(1) 电源变压器、高频变压器、继电器等元件由于通过交变电流所形成的交变磁场,会因闭合线圈(导线)的垂直切割而产生感生环路电流,对电路造成干扰。因此布线时除尽量不形成环形通路外,还要在元件布局时选择好变压器与印制板的相对位置,使印制板的平面与磁力线平行。

（2）扬声器、电磁铁、永磁式仪表等元件由于自身特性所形成的恒定磁场，会对磁棒、中周线圈等磁性元件和显像管、示波管等电子束元件造成影响。因此元件布局时应尽可能使易受干扰的元件远离干扰源，并合理选择干扰与被干扰元件的相对位置和安装方向。

3）配置抗扰器件

在印制板的抗干扰设计中，经常要根据干扰源的不同特点选用相应的抗扰器件：用二极管和压敏电阻等吸收浪涌电压；用隔离变压器等隔离电源噪声；用线路滤波器等滤除一定频段的干扰信号；用电阻器、电容器、电感器等元件的组合对干扰电压或电流进行旁路、吸收、隔离、滤除、去耦等处理。其中为防止电磁干扰通过电源及配线传播，而在印制板的各个关键部位配置适当的滤波去耦（退耦）电容已成为印制板设计的常规做法之一。

去耦电容通常在原理图中并不反映出来。要根据集成电路芯片的速度和电路的工作频率选择电容量，可按 $C=1/f$，即 10MHz 取 $0.1\mu F$，速度越快、频率越高，则电容量越小且需使用高频电容。去耦电容的一般配置原则是：

（1）电源输入端跨接一个 $10\sim100\mu F$ 的电解电容，如果印制电路板的位置允许，采用 $100\mu F$ 以上的电解电容效果会更好，或者跨接一个大于 $10\mu F$ 的电解电容和一个 $0.1\mu F$ 的陶瓷电容并联。当电源线在板内走线长度大于 100mm 时应再加一组。该处的去耦电容一般选用钽电解电容。

（2）原则上每个集成电路芯片都应布置一个 $0.1\mu F\sim680pF$ 之间的瓷片电容，这种方法对于多片数字电路芯片更不可少。如遇印制板空隙不够，可每 $4\sim8$ 个芯片布置一个 $1\sim10pF$ 的钽电解电容。要注意的是，去耦电容必须要加在靠近芯片的电源端（V_{cc}）和地线（GND）之间。

（3）去耦电容的引线不能太长，尤其是高频旁路电容不能有引线。

4．器件布置设计

印制板上器件布局不当也是引发干扰的重要因素，所以应全面考虑电路结构，合理布置印制板上的器件。

（1）印制板上器件布局应以尽量获得较好的抗噪声效果为首要目的。将输入、输出部分分别布置在板的两端，电路中相互关联的器件应尽量靠近，以缩短器件间连接导线的距离，工作频率接近或工作电平相差大的器件应相距远些，以免相互干扰。易产生噪声的器件、小电流电路、大电流电路等应尽量远离逻辑电路，如有可能，应另做印制板。如常用的以单片机为核心的小型开发系统电路，在设计印制板时，宜将时钟发生器、晶振和 CPU 的时钟输入端等易产生噪声的器件相互靠近布置，让有关的逻辑电路部分尽量远离这类噪声器件。同时，考虑到电路板在机柜内的安装方式，最好将 ROM、RAM、功率输出器件以及电源等易发热器件布置在板的边缘或偏上方部位，以利于散热，如图 3-15 所示。

（2）在印制电路板上布置逻辑电路，原则上应在输出端子附近放置高速电路，如光电隔离器等，在稍远处放置低速电路和存储器等，以便处理公共阻抗的耦合、辐射和串扰等问题。在输入输出端放置缓冲器，用于板间信号传送，可有效防止噪声干扰，见图 3-16。

（3）如果印制板中有接触器、继电器、按钮等元件，操作时均会产生较大火花放电，必须采用相应的 RC 电路来吸收放电电流。一般 R 取 $1\sim2k\Omega$，C 取 $2.2\sim47\mu F$。

（4）CMOS 的输入阻抗很高，且易受感应，因此在使用时对不用端要接地或接正电源。

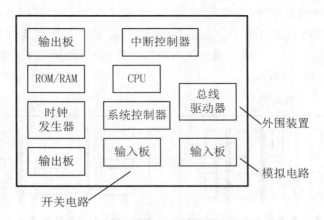

图 3-15　单片机开发系统的器件布置

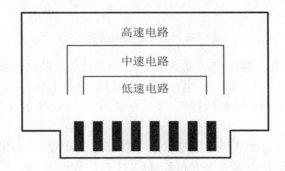

图 3-16　逻辑电路的布置

5. 散热设计

多数印制电路板都存在着元器件密集布设的现实问题,电源变压器、功率器件、大功率电阻等发热元件所形成的"热源",将可能对电路乃至整机产品的性能造成不良影响。一方面许多元件如电解电容、瓷片电容等是典型的怕热元件,而几乎所有的半导体器件都有程度不同的温度敏感性;另一方面印制电路板基材的耐温能力和导热系数都比较低,铜箔的抗剥离强度随工作温度的升高而下降(印制电路板的工作温度一般不能超过 85℃)。因此,如何做好散热处理是印制电路板设计中必须考虑的问题。基本原则是:有利于散热,远离热源。具体措施有:

1) 特别"关照"热源的位置

(1) 热源外置。将发热元器件放置在机壳外部,如许多的电源设备就将大功率调整管固定于金属机壳上,以利散热。

(2) 热源单置。将发热元器件单独设计为一个功能单元,置于机内靠近板边缘容易散热的位置,必要时强制通风,如台式计算机的电源部分。

(3) 热源高置。发热元器件在印制电路板上安装时,切忌贴板。

2) 合理配置器件

从有利于散热的角度出发,印制板最好是直立安装,板与板之间的距离一般不应小于 2cm,而且器件在印制板上采用合理的排列方式,可以有效地降低印制电路的温升,从而使器件及设备的故障率明显下降。

（1）对于采用自由对流空气冷却的设备，最好是将集成电路或其他器件按纵长方式排列，如图3-17（a）所示。对于采用强制空气冷却的设备，最好是将集成电路或其他器件按横长方式排列，如图3-17（b）所示。

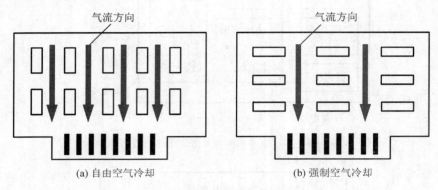

(a) 自由空气冷却　　　　　　　　(b) 强制空气冷却

图 3-17　元器件板面排列的散热设计

（2）同一块印制板上的器件应尽可能按其发热量大小及散热程度分区排列，发热量小或耐热性差的器件（如小信号晶体管、小规模集成电路、电解电容等），放在冷却气流的最上游（入口处），发热量大或耐热性好的器件（如功率晶体管、大规模集成电路等）放在冷却气流最下游。

（3）在水平方向上，大功率器件尽量靠近印制板边沿布置，以缩短传热路径，在垂直方向上，大功率器件尽量靠近印制板上方布置，以减少其工作时对其他器件温度的影响。

（4）对温度比较敏感的器件最好安置在温度最低的区域（如设备的底部），千万不要将它放在发热器件的正上方，多个器件最好是在水平面上交错布局。

（5）设备内印制板的散热主要依靠空气流动，空气流动时总是趋向于阻力小的地方，所以在印制电路板上配置器件时，要避免在某个区域留有较大的空域。整机中多块印制电路板的配置也应注意同样的问题。如果因工艺需要板面必须有一定的空域，可人为添加一些与电路无关的零部件，以改变气流使散热效果提高，如图3-18所示。

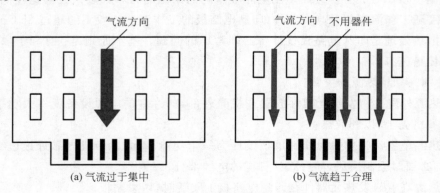

(a) 气流过于集中　　　　　　　　(b) 气流趋于合理

图 3-18　板面加引导散热

6. 板间配线设计

板间配线会直接影响印制板的噪声敏感度，因此，在印制板联装后，应认真检查、调整，对板间配线作合理安排,彻底清除超过额定值的部位,解决设计中遗留的不妥之处。

(1) 板间信号线越短越好,且不宜靠近电力线,或可采取两者相互垂直配线的方式,以减少静电感应、漏电流的影响,必要时应采取适宜的屏蔽措施,板间接地线需采用"一点接地"方式,切忌使用串联型接地,以避免出现电位差。地线电位差会降低设备抗扰度,是时常出现误动作的原因之一。

(2) 远距离传送的输入、输出信号应有良好的屏蔽保护,屏蔽线与地应遵循一端接地原则,且仅将易受干扰端屏蔽层接地。应保证柜体电位与传输电缆地电位一致。

(3) 当用扁平电缆传输多种电平信号时,应用闲置导线将各种电平信号线分开,并将该闲置导线接地。扁平电缆力求贴近接地底板,若串扰严重,可采用双绞线结构信号电缆。

(4) 交流中线(交流地)与直流地严格分开,以免相互干扰,影响系统正常工作。

3.1.6　印制电路板图的绘制

印制电路板图也称印制板线路图,是能够准确反映元器件在印制板上的位置与连接的设计图纸。图中焊盘的位置及间距、焊盘间的相互连接、印制导线的走向及形状、整板的外形尺寸等,均应按照印制板的实际尺寸(或按一定的比例)绘制出来。绘制印制电路板图是把印制板设计图形化的关键和主要的工作量,设计过程中考虑的各种因素都要在图上体现出来。

目前,印制电路板图的绘制有手工设计与计算机辅助设计(CAD)两种方法。手工设计比较费事,需要首先在纸上绘制不交叉单线图,而且往往要反复几次才能最后完成,但这对初学者掌握印制板设计原则还是很有帮助的,同时CAD软件的应用也仍然是这些设计原则的体现。

1. 手工设计印制电路板图

手工设计印制电路板图适用于一些简单电路的制作,设计过程一般要经过以下几步:

1) 绘制外型结构草图

印制电路板的外型结构草图包括对外连接草图和外形尺寸草图两部分:

(1) 对外连接草图:根据整机结构和要求确定,一般包括电源线、地线、板外元器件的引线、板与板之间的连接线等,绘制时应大致确定其位置和方向。

(2) 外形尺寸草图:印制板的外形尺寸受各种因素的制约,一般在设计时大致已确定,从经济性和工艺性出发,应优先考虑矩形。

印制板的安装、固定也是必须考虑的内容,印制板与机壳或其他结构件连接的螺孔位置及孔径应明确标出。此外,为了安装某些特殊元器件或插接定位用的孔、槽等几何形状的位置和尺寸也应标明。对于某些简单的印制板,上述两种草图也可合二为一。

2) 绘制不交叉单线图

电路原理图一般只表现出信号的流程及元器件在电路中的作用,以便于分析与阅读电路原理,从来不用去考虑元器件的尺寸、形状以及引出线的排列顺序。所以,在手工设计图设计时,首先要绘制不交叉单线图。除了应该注意处理各类干扰并解决接地问题以外,不交叉单线图设计的主要原则是保证印制导线不交叉地连通。

(1) 将原理图上应放置在板上的元器件根据信号流或排版方向依次画出,集成电路要画出封装管脚图。

（2）按原理图将各元器件引脚连接。在印制板上导线交叉是不允许的，要避免这一现象一方面要重新调整元器件的排列位置和方向，另一方面可利用元器件中间跨接，如让某引线从别的元器件脚下的空隙处"钻"过去或从可能交叉的某条引线的一端"绕"过去，以及利用"飞线"跨接来解决。

好的单线不交叉图，元件排列整齐、连线简洁、"飞线"少且可能没有。要做到这一点，通常需多次调整元器件的位置和方向。

3）绘制排版草图

为了制作出制板用的底图（或黑白底片），应该绘制一张正式的草图。参照外型结构草图和不交叉单线图，要求板面尺寸、焊盘位置、印制导线的连接与走向、板上各孔的尺寸及位置都要与实际板面一致。绘制时，最好在方格纸或坐标纸上进行。具体步骤如下：

（1）画出板面的轮廓尺寸，边框的下面留出一定空间，用于说明技术要求。

（2）板面内四周留出不设置焊盘和导线的一定间距（一般为 5～10mm）。绘制印制板的定位孔和板上各元器件的固定孔。

（3）确定元器件的排列方式，用铅笔画出元器件的外形轮廓。注意元器件的轮廓与实物对应，元器件的间距要均匀一致。这一步其实就是进行元器件的布局，可在遵循印制板元器件布局原则的基础上，采用以下几个办法进行：

① 实物法：将元器件和部件样品在板面上排列，寻求最佳布局。

② 模板法：有时实物摆放不方便，可按样本或有关资料制作有关元器件和部件的图样样板，用以代替实物进行布局。

③ 经验对比法：根据经验参照可对比的已有印制电路来设计布局。

（4）确定并标出焊盘的位置。

（5）画印制导线。这时，可不必按照实际宽度来画，只标明其走向和路径就行，但要考虑导线间的距离。

（6）核对无误后，重描焊盘及印制导线，擦去元器件实物轮廓图。

（7）标明焊盘尺寸、导线宽度以及各项技术要求。

（8）对于双面印制板来说，还要考虑以下几点：

① 手工设计图可在图的两面分别画出，也可用两种颜色在纸的同一面画出。无论用哪种方式画，都必须让两面的图形严格对应。

② 元器件布在板的一个面，主要印制导线布在无元件的另一面，两面的印制线尽量避免平行布设，应当力求相互垂直，以便减少干扰。

③ 印制线最好分别画在图纸的两面，如果在同一面上绘制，应该使用两种颜色以示区别，并注明这两种颜色分别表示哪一面。

④ 两面对应的焊盘要严格地一一对应，可以用针在图纸上扎穿孔的方法，将一面的焊盘中心引到另一面。

⑤ 两面上需要彼此相连的印制线，在实际制板过程中采用金属化孔实现。

⑥ 在绘制元件面的导线时，注意避让元件外壳和屏蔽罩等可能产生短路的地方。

2. 计算机辅助设计印制电路板图

随着电路复杂程度的提高以及设计周期的缩短，印制电路板的设计已不再是一件简单的工作。传统的手工设计印制电路板的方法已逐渐被计算机辅助设计（CAD）软件所代替。

采用 CAD 设计印制电路板的优点是十分显著的,设计精度和质量较高,利于生产自动化,设计时间缩短、劳动强度减轻,设计数据易于修改、保存并可直接供生产、测试、质量控制用,可迅速对产品进行电路正确性检查以及性能分析。

印制电路板 CAD 软件很多,目前较流行的有 Protel 99se、Altium Designer 9.1 等。它们是基于 Windows 平台的电路设计、印制板设计专用软件,具有强大的功能、友好的界面、方便易学的操作性能等优点。一般而言,利用 CAD 软件设计印制板最基本的过程可以分为三大步骤:

1) 电路原理图的设计

利用 CAD 软件的原理图设计系统(advanced schematic)所提供的各种原理图绘图工具以及编辑功能绘制电路原理图。

2) 产生网络表

网络表是电路原理图设计(SCH)与印制电路板设计(PCB)之间的一座桥梁,它是电路板自动设计的灵魂。网络表可以从电路原理图中获得,也可从印制电路板中提取出来。

3) 印制电路板的设计

借助 CAD 软件提供的强大功能实现电路板的板面设计。印制电路板图只是印制电路板制作工艺图中比较重要的一种,另外还有字符标记图、阻焊图、机械加工图等。当印制电路板图设计完成后,这些工艺图也可相应得以确定。

字符标记图因其制作方法也被称为丝印图,可双面印在印制板上,其比例和绘图方法与印制电路板图相同。阻焊图主要是为了适应自动化焊接而设计,由与印制板上全部的焊盘形状一一对应又略大于焊盘形状的图形构成。一般情况下,采用 CAD 软件设计印制板时字符标记图和阻焊图都可以自动生成。关于印制电路板 CAD 软件的使用方法,由于篇幅的原因,不再赘述,读者可参考相关的书籍。本书将在 5.3 节的实训实例中介绍利用 CAD 软件设计印制电路板的简单过程。

3.1.7　手工设计印制电路板实例

通常情况下,印制电路板的设计可归纳为确定电路、确定印制板的尺寸、元器件布局以及绘制印制电路板图等几个步骤。下面以简单的稳压电源为例,作一些简单说明。

1) 选定电路

许多电子线路已经很成熟,有典型的电路形式和元器件种类可供选择,不必再做验证,可直接采用。本例的稳压电源电路主要由整流、滤波以及稳压三部分组成,如图 3-19 所示。

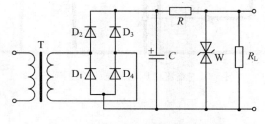

图 3-19　整流稳压电源电路原理图

2）定出印制板的形状、尺寸

印制板的形状、尺寸往往受整机及外壳等因素的制约。本例中,稳压电源中电源变压器体积太大,不适合安装在印制板上(只考虑它占用一定的机壳内的空间),这样印制板的形状、尺寸就相对大体确定了。

3）印制板上排列元器件

本例中,元器件的排列采用规则排列。

(1) 印制板上留出安装孔位置。

(2) 按电路图中各个组成部分从左到右排列元件,注意间隔均匀(见图 3-20)。先排整流部分的元件(D_1、D_2、D_3、D_4),四个二极管平行排列,再排滤波部分(电容 C、电阻 R)、稳压管 W 及取样电阻 R_L。

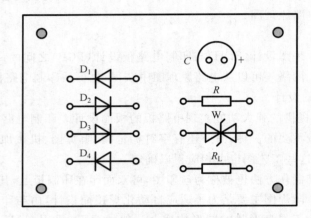

图 3-20 整流稳压电源印制板上元器件的安排

4）绘制印制电路板图(排版草图)

用相对应的单线不交叉图(见图 3-21)做参照,可以很快捷地绘制出排版草图,如图 3-22所示。

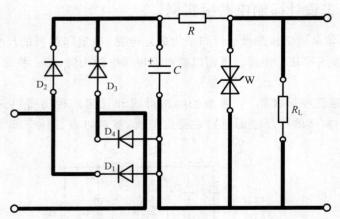

图 3-21 整流稳压电源电路单线不交叉

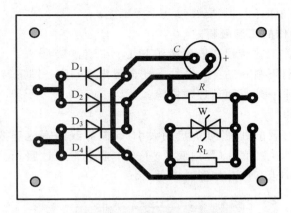

图 3-22 整流稳压电源印制板图

3.2 印制电路板的制作

印制电路板的制作可分为工业制作和手工制作,工艺流程和产品质量有一定差异,但制作的机理即印制电路的形成方式是一样的。

3.2.1 印制电路的形成方式

印制电路的形成即在基板上实现所需的导电图形,分为减成法和加成法两种制作方法。

1. 减成法

减成法是目前生产印制电路板最普遍采用的方式。即先将基板上敷满铜箔,然后用化学或机械方式除去不需要的部分,最终留下印制电路。

(1) 将设计好的印制板图形转移到覆铜板上,并将图形部分有效保护起来。图形的转移方式主要有:

① 丝网漏印:用丝网漏印法在覆铜板上印制电路图形,与油印机在纸上印刷文字相类似。

② 照相感光:属光化学法之一。把照相底片或光绘片置于上胶烘干后的覆铜板上,一起置于光源下曝光,光线通过相版,使感光胶发生化学反应,引起胶膜理化性能的变化。

图形的转移方式另外还有胶印法、图形电镀蚀刻法等。

(2) 去掉覆铜板上未被保护的其他部分。其方式有两种:

① 蚀刻:采用化学腐蚀办法减去不需要的铜箔,这是目前最主要的制造方法。

② 雕刻:用机械加工方法除去不需要的铜箔,这在单件试制或业余条件下可快速制出印制板。

2. 加成法

加成法是在没有覆铜箔的绝缘基板上用某种方式(如化学沉铜)敷设所需的印制电路图形。敷设印制电路的方法有丝印电镀法、粘贴法等。

3.2.2 印制电路板的工业制作

印制板制造工艺技术在不断进步,不同条件、不同规模的制造厂采用的工艺技术不尽相同。当前的主流仍然是利用减成法(铜箔蚀刻法)制作印制板。实际生产中,专业工厂一般采用机械化和自动化制作印制板，要经过几十个工序。

1. 双面印制板制作的工艺流程

双面印制板的制作工艺流程一般包括如下几个步骤：

制生产底片→选材下料→钻孔→清洗→孔金属化→贴膜→图形转换→金属涂覆→去膜蚀刻→热熔和热风整平→外表面处理→检验。

（1）制作生产底片

将排版草图进行必要的处理，如焊盘的大小、印制导线的宽度等按实际尺寸绘制出来，就是一张可供制板用的生产底片（黑白底片）了。工业上常通过照相、光绘等手段制作生产底片。准备曝光的覆铜板和底片如图 3-23 所示。

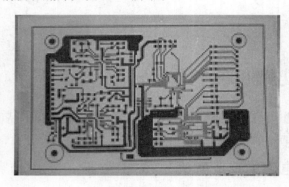

图 3-23　准备曝光的覆铜板和底片

（2）选材下料。按板图的形状、尺寸进行下料。

（3）钻孔。将需钻孔位置输入微机，用数控机床来进行加工，这样定位准确、效率高。

（4）清洗。用化学方法清洗板面的油腻及化学层。

（5）孔金属化。即对连接两面导电图形的孔进行孔壁镀铜。孔金属化的实现主要经过化学沉铜、电镀铜加厚等一系列工艺过程。在表面安装高密度板中这种金属化孔采用沉铜充满整个孔（盲孔）的方法。

（6）贴膜。为了把照相底片或光绘片上的图形转印到覆铜板上，要先在覆铜板上贴一层感光胶膜。

（7）图形转换。也称图形转移，即在覆铜板上制作印制电路图，常用丝网漏印法或感光法。显影后的覆铜板如图 3-24 所示。

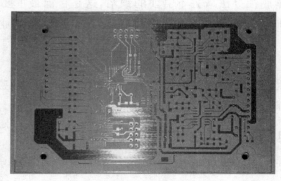

图 3-24　显影后的覆铜板

① 丝网漏印法是在丝网上粘附一层漆膜或胶膜,然后按技术要求将印制电路图制成镂空图形,漏印是只需将覆铜板在底板上定位,将印制料倒在固定丝网的框内,用橡皮板刮压印料,使丝网与覆铜板直接接触,即可在覆铜板上形成由印料组成的图形。

② 直接感光法把照相底片或光绘片置于上胶烘干后的覆铜板上,一起置于光源下曝光,光线通过相版,使感光胶发生化学反应,引起胶膜理化性能的变化。

(8) 金属涂覆。金属涂覆属于印制板的外表面处理之一,即为了保护铜箔、增加可焊性和抗腐蚀抗氧化性,在铜箔上涂覆一层金属,其材料常用金、银和铅锡合金。涂覆方法可用电镀或化学镀两种。

① 电镀法可使镀层致密、牢固、厚度均匀可控,但设备复杂、成本高。此法用于要求高的印制板和镀层,如插头部分镀金等。

② 化学镀虽然设备简单、操作方便、成本低,但镀层厚度有限且牢固性差,因而只适用于改善可焊性的表面涂覆,如板面铜箔图形镀银等。镀锡后的效果图如图 3-25 所示。

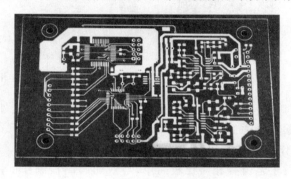

图 3-25 镀锡后的效果图

(9) 去膜蚀刻。用化学方法或电化学方法去除基材上的无用导电材料,从而形成印制图形的工艺。常用的蚀刻溶液为三氯化铁($FeCl_3$),它蚀刻速度快,质量好,溶铜量大,溶液稳定,价格低廉。常用的蚀刻方式有浸入式、泡沫式、泼溅式、喷淋式等几种。去膜后的效果图如图 3-26 所示。

图 3-26 去膜后的效果图

(10) 热熔和热风整平。镀有铅锡合金的印制电路板一般要经过热熔和热风整平工艺。

① 热熔过程是把镀覆有锡铅合金的印制电路板加热到锡铅合金的熔点温度以上,使锡铅和基体金属铜形成化合物,同时锡铅镀层变得致密、光亮、无针孔,从而提高镀层的抗腐蚀

性和可焊性。

②热风整平技术的过程是在已涂覆阻焊剂的印制电路板浸过热风整平助熔剂后,再浸入熔融的焊料槽中,然后从两个风刀间通过,风刀里的热压缩空气把印制电路板板面和孔内的多余焊料吹掉,得到一个光亮、均匀、平滑的焊料涂覆层。

(11) 外表面处理。在密度高的印制电路板上,为使板面得到保护,确保焊接的准确性,在需要焊接的地方涂上助焊剂、不需要焊接的地方印上阻焊层,在需要标注的地方印上图形和字符。阻焊显影后的效果图如图 3-27 所示。

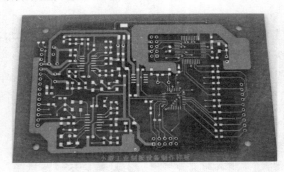

图 3-27　阻焊显影后的效果图

(12) 检验。对于制作完成的印制电路板除了进行电路性能检验外,还要进行外形表面的检查。电路性能检验有导通性检验、绝缘性检验以及其他检验等。

2. 单面印制板制作的工艺流程

单面印制板制作的工艺流程相对比较简单,与双面印制板制作的主要区别在于不需要孔金属化。大致有以下几步:

下料→丝网漏印→腐蚀→去除印料→孔加工→印标记→涂助焊剂→检验。

3.2.3　印制电路板的手工制作

在产品研制阶段或科技创作活动中往往需要制作少量印制板,进行产品性能分析实验或制作样机,从时间性和经济性的角度出发,有时需要采用手工制作的方法。

1. 描图蚀刻法

这是一种十分常用的制板方法。由于最初使用调和漆作为描绘图形的材料,所以也称漆图法。具体步骤如下:

(1) 下料。按实际设计尺寸剪裁覆铜板(剪床、锯割均可),去四周毛刺。

(2) 覆铜板的表面处理。由于加工、储存等原因,覆铜板的表面会形成一层氧化层。氧化层会影响底图的复印,为此在复印底图前应将覆铜板表面清洗干净,具体方法是,用水砂纸蘸水打磨,用去污粉擦洗,直至将底板擦亮为止,然后用水冲洗,用布擦干净后即可使用。这里切忌用粗砂纸打磨,否则会使铜箔变薄,且表面不光滑,影响描绘底图。

(3) 拓图(复印印制电路)。用复写纸将已设计好的印制板排版草图中的印制电路拓在已清洁好的覆铜板的铜箔面上。注意复印过程中,草图一定要与覆铜板对齐,并用胶带纸粘牢。拓制双面板时,板与草图应有 3 个不在一条直线上的点定位。

复写图形可采用单线描绘法,印制导线用单线,焊盘以小圆点表示,也可以采用能反映印制导线和焊盘实际宽度和大小的双线描绘法,如图 3-28 所示。

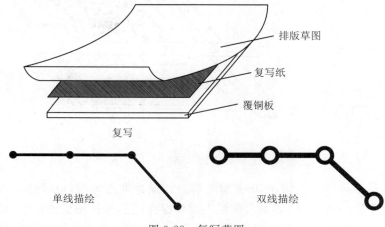

图 3-28 复写草图

复写时,描图所用的笔,其颜色(或品种)应与草图有所区别,这样便于区分已描过的部分和没描过的部分,防止遗漏。复印完毕后,要认真复查是否有错误或遗漏,复查无误后再把草图取下。

(4) 钻孔。拓图后检查焊盘与导线是否有遗漏,然后在板上打样冲眼,以样冲眼定位打焊盘孔,用小冲头对准要冲孔的部位(焊盘中央)打上一个一个的小凹痕,便于以后打孔时不至于偏移位置。打孔时注意钻床转速应取高速,钻头应刃磨锋利。进刀不宜过快,以免将铜箔挤出毛刺,并注意保持导线图形清晰。清除孔的毛刺时不要用砂纸。

(5) 描图(描涂防腐蚀层)。为能把覆铜板上需要的铜箔保存下来,就要将这部分涂上一层防腐蚀层,也就是说在所需要的印制导线、焊盘上加一层保护膜。这时,所涂出的印制导线宽度和焊盘大小要符合实际尺寸。

首先准备好描图液(防腐液),一般可用黑色的调和漆,漆的稀稠要适中,一般调到用小棍蘸漆后能往下滴为好。另外,各种抗三氯化铁蚀刻的材料均可以用做描图液,如松香酒精溶液、蜡、指甲油等。

描图时应先描焊盘,用适当的硬导线蘸点漆料,漆料要蘸得适中,描线用的漆稍稠,点时注意与孔同心,大小尽量均匀,如图 3-29(a)所示。焊盘描完后再描印制导线图形,可用鸭嘴笔、毛笔等配合尺子,注意直尺不要与板接触,可将两端垫高,以免将未干的图形蹭坏,如图 3-29(b)所示。

(6) 修图。描好后的印制板应平放,让板上的描图液自然干透,同时检查线条和焊盘是否有麻点、缺口或断线,如果有,应及时填补、修复。再借助直尺和小刀将图形整理一下,沿导线的边沿和焊盘的内外沿修整,使线条光滑,焊盘圆滑,以保证图形质量。

(7) 蚀刻(腐蚀电路板)。三氯化铁($FeCl_3$)是腐蚀印制板最常用的化学药品,用它配制的蚀刻液一般浓度在 $28\% \sim 42\%$ 之间,即用 2 份水加 1 份三氯化铁。配制时在容器里先放入三氯化铁,然后放入水,同时不断搅拌。盛放腐蚀液的容器应是塑料或搪瓷盆,不得使用铜、铁、铝等金属制品。

在腐蚀过程中,为了加快腐蚀速度,要不断轻轻晃动容器和搅动溶液,或用毛笔在印制

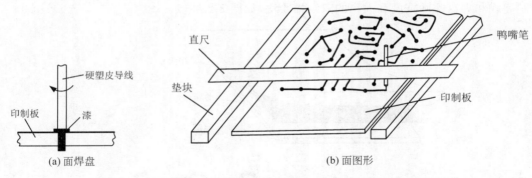

图 3-29　描图

板上来回刷洗,但不可用力过猛,防止漆膜脱落。如嫌速度还太慢,也可适当加大三氯化铁的浓度,但浓度不宜超过 50%,否则会使板上需要保存的铜箔从侧面被腐蚀,另外也可通过给溶液加温来提高腐蚀速度,但温度不宜超过 50℃,太高的温度会使漆层隆起脱落以致损坏漆膜。

蚀刻完成后应立即将板子取出,用清水冲洗干净残存的腐蚀液,否则这些残液会使铜箔导线的边缘出现黄色的痕迹。

(8) 去膜。用热水浸泡后即可将漆膜剥落,未擦净处可用稀料清洗。或者也可用水砂纸轻轻打磨去膜。清洗漆膜去净后,用碎布蘸去污粉或反复在板面上擦拭,去掉铜箔氧化膜,露出铜的光亮本色。为使板面美观,擦拭时应固定顺某一方向,这样可使反光方向一致,看起来更加美观。擦后用水冲洗、晾干。

(9) 修板。将腐蚀好的电路板再一次与原图对照,用刀子修整导线的边沿和焊盘的内外沿,使线条光滑,焊盘圆滑。

(10) 涂助焊剂。涂助焊剂的目的是为了便于焊接、保护导电性能、保护铜箔、防止产生铜锈。防腐助焊剂一般用松香、酒精按 1:2 的体积比例配制而成,将松香研碎后放入酒精中,盖紧盖子搁置一天,待松香溶解后方可使用。

首先必须将电路板的表面做清洁处理,晾干后再涂助焊剂,用毛刷、排笔或棉球蘸上溶液均匀涂刷在印制板上,然后将板放在通风处,待溶液中的酒精自然挥发后,印制板上就会留下一层黄色透明的松香保护层。

2. 贴图蚀刻法

贴图蚀刻法是利用不干胶条(带)直接在铜箔上贴出导电图形代替描图,其余步骤同描图法。由于胶带边缘整齐,焊盘亦可用工具冲击,故贴成的图形质量较高,蚀刻后揭去胶带即可使用,也很方便。贴图法可有以下两种方式:

(1) 预制胶条图形贴制。按设计导线宽度将胶带切成合适宽度,按设计图形贴到覆铜板上。有些电子器材商店有各种不同宽度的贴图胶带,也有将各种常用印制图形如 IC、印制板插头等制成专门的薄膜,使用更为方便。无论采用何种胶条,都要注意贴粘牢固,特别边缘一定要按压紧贴,否则腐蚀溶液浸入将使图形受损。

(2) 贴图刀刻法。这种方法是图形简单时用整块胶带将铜箔全部贴上,画上印制电路后用刀刻法去除不需要的部分。此法适用于保留铜箔面积较大的图形。

3．雕刻法

上面所述贴图刀刻法亦可直接雕刻铜箔而不用蚀刻直接制成板。方法是在经过下料、清洁板面、拓图这些步骤后，用刻刀和直尺配合直接在板面上刻制图形，用刀将铜箔划透，用镊子或用钳子撕去不需要的铜箔，如图3-30所示。另外，也可以用微型砂轮直接在铜箔上削出所需图形，与刀刻法同理。

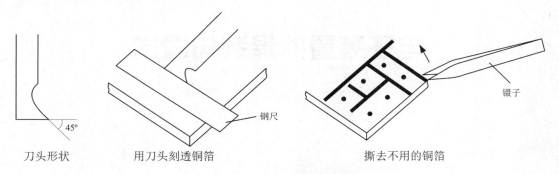

45°

刀头形状 　　　用刀头刻透铜箔 　　　撕去不用的铜箔

钢尺　　镊子

图3-30　雕刻法制作印制板

4．"转印"蚀刻法

这种方法主要采用了热转移的原理，借助于热转印纸"转印"图形来代替描图。主要设备及材料有激光打印机、转印机、热转印纸等。

热转印纸的表面通过高分子技术进行了特殊处理，覆盖了数层特殊材料的涂层，具有耐高温不粘连的特性。

激光打印机的"碳粉"（含磁性物质的黑色塑料微粒）受硒鼓上静电的吸引，可以在硒鼓上排列出精度极高的图形及文字。打印后，静电消除，图形及文字经高温熔化热压固定，转移到热转印纸上形成热转印纸版。

转印机有"复印"的功效，可提供近200℃的高温。将热转印纸版覆盖在敷铜板上，送入制板机。当温度达到180.5℃时，在高温和压力的作用下，热转印纸对融化的墨粉吸附力急剧下降，使融化的墨粉完全贴附在敷铜板上，这样，敷铜板冷却后板面上就会形成紧固的有图形的保护层。制作方法如下：

（1）用激光打印机将印制电路板图形打印在热转印纸上。打印后，不要折叠、触摸其黑色图形部分，以免使板图受损。

（2）将打印好的热转印纸覆盖在已做过表面清洁的敷铜板上，贴紧后送入制版机制板。只要敷铜板足够平整，用电熨斗熨烫几次也是可行的。

（3）敷铜板冷却后，揭去热转印纸。

其余蚀刻、去膜、修板、涂助焊剂等步骤同描图法。

第4章

电子装置的焊装与调试

4.1　常用焊接工具与焊接材料

在电子产品整机组装过程中,焊接是连接各电子元器件及导线的主要手段。焊接分为熔焊、钎焊及接触焊接三大类,在电子装配中主要使用的是钎焊。采用锡铅焊料进行焊接称为锡铅焊,简称锡焊。

焊接之前,必须根据工件金属材料、焊点表面状况、焊接的温度及时间、焊点机械强度、焊接方式等综合考虑,正确选用电烙铁的功率大小和烙铁头的形状以及助焊剂和焊料。

1. 电烙铁

电烙铁是手工焊接的主要工具,根据不同的加热方式,可以分为直热式、恒温式、吸焊式、感应式及气体燃烧式等。

直热式电烙铁又分为外热式电烙铁和内热式电烙铁。内热式电烙铁的结构如图 4-1 所示。由于烙铁芯安装在烙铁头里面,因而发热快,热利用率高。烙铁芯由镍铬电阻丝缠绕在瓷管上制成,其特点是体积小、质量轻、耗电低、发热快,热效率高达 85％～90％以上,热传导效率比外热式电烙铁高。规格有 20W、30W、50W 等多种,主要用来焊接印制电路板,是

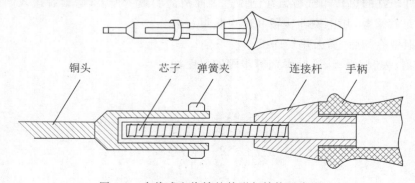

铜头　　　　芯子　弹簧夹　　　　连接杆　　手柄

图 4-1　内热式电烙铁的外形与结构示意图

手工焊接最常用的焊接工具。

恒温式电烙铁的烙铁头温度可以控制,烙铁头可以始终保持在某一设定的温度,其工作原理是在恒温电烙铁头内装有带磁铁式的温度控制器,通过控制通电时间而实现温度控制,其外形和结构如图4-2所示。恒温电烙铁采用断续加热,耗电省,升温速度快,在焊接过程中焊锡不易氧化,可减少虚焊,提高焊接质量,烙铁头也不会产生过热现象,使用寿命较长。

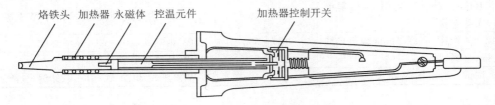

图 4-2 恒温电烙铁的结构示意图

吸锡电烙铁是将电烙铁与活塞式吸锡器融为一体的拆焊工具。吸锡式电烙铁主要用于拆焊,与普通电烙铁相比,其烙铁头是空心的,而且多了一个吸锡装置,内部结构如图4-3所示,在操作时,先加热焊点,待焊锡熔化后,按动吸锡装置,吸走焊锡,使元器件与印制板脱焊。使用方法是在电源接通3~5min后,把活塞按下并卡住,将吸锡头对准欲拆元器件,待锡熔化后按下按钮,活塞上升,焊锡被吸入吸管。用力推动活塞三、四次,清除吸管内残留的焊锡,以便下次使用。

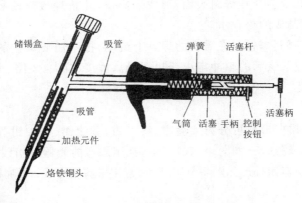

图 4-3 吸锡电烙铁内部结构示意图

为适应不同焊接物面的需要,烙铁头有凿形、锥形、圆面形、圆尖锥形和半圆沟形等不同的形状,如图4-4所示。

图 4-4 烙铁头的形状

电烙铁使用时要注意合理选用它的功率,可参考表 4-1。

表 4-1　电烙铁功率选用

焊接对象及工作性质	烙铁头温度/℃ (室温,220V)	选 用 烙 铁
一般印制电路板、安装导线	300~400	20W 内热式、30W 外热式、恒温式
集成电路	300~400	20W 内热式、恒温式
焊片、电位器、2~8W 电阻、大电解电容器、大功率管	350~450	35~59W 内热式、恒温式,50~75W 外热式
8W 以上大电阻,直径 2 mm 以上导线	400~550	100W 内热式、150~200W 外热式
汇流排、金属板等	500~630	300W 外热式
维修、调试一般电子产品		20W 内热式、恒温式、感应式、储偏式、两用式

2. 焊料和焊剂

焊料是易熔金属,它的熔点低于被焊金属,其作用是在熔化时能在被焊金属表面形成合金,而将被焊金属连接到一起。按焊料成分区分,有锡铅焊料、银焊料、铜焊料等,在一般电子产品装配中主要使用锡铅焊料,俗称焊锡。手工电烙铁焊接常用管状焊锡丝。

焊剂根据作用不同分为助焊剂和阻焊剂两大类。

助焊剂的作用就是去除引线和焊盘焊接面的氧化膜,在焊接加热时包围金属的表面,使之和空气隔绝,防止金属在加热时氧化,同时可降低焊锡的表面张力,有助于焊锡润湿焊件。焊点焊接完毕后,助焊剂会浮在焊料表面,形成隔离层,防止焊接面的氧化。手工焊接时常采用将松香熔入酒精制成的松香水。

阻焊剂的作用是限制焊料只在需要的焊点上流动,把不需要焊接的印制电路板的板面部分覆盖保护起来,使其受到的热冲击小,防止起泡、桥接、拉尖、短路、虚焊等。

3. 其他辅助工具

1) 钳子

钳子根据功能及钳口形状可分为尖嘴钳、斜口钳、剥线钳、平头钳等。不同的钳子有不同的用途,尖嘴钳头部较细长,如图 4-5(a)所示,常用来弯曲元器件引线、在焊接点上绕接导线和元器件引线等;斜口钳外形如图 4-5(b)所示,常用来剪切导线;平嘴钳外形如图 4-5(c)所

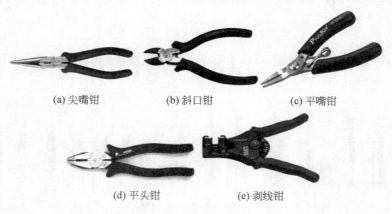

(a) 尖嘴钳　　　　(b) 斜口钳　　　　(c) 平嘴钳

(d) 平头钳　　　　(e) 剥线钳

图 4-5　钳子功能及钳口形状

示,钳口平直无纹路,可用来校直或夹弯元器件的引脚和导线;平头钳(克丝钳)外形如图 4-5(d)所示,头部较宽,适用于螺母紧固的装配操作;剥线钳外形如图 4-5(e)所示,专用于剥有包皮的导线,使用时注意将导线放入合适的槽口,剥皮时不能剪断导线。

在电子产品组装过程中,正确地使用不同的钳子是重要的。尖嘴钳不允许使用在装卸螺母等大力钳紧情况,不允许在锡锅或其他高温环境中使用。斜口钳不允许用来剪切螺钉和较粗的钢丝,以免损坏钳口。平嘴钳不允许用来夹持螺母或需施力较大的部位。

2) 镊子

镊子主要用于夹紧导线和元器件,焊接时防止其移动,用镊子夹持元器件引脚,在焊接时还可起到散热作用。镊子还可用来摄取微小器件,或在装配件上绕接较细的导线等。

镊子有尖嘴和圆嘴两种形式。尖嘴镊子如图 4-6 所示,用于夹持较细的导线;圆嘴镊子用于弯曲元器件引线和夹持元器件焊接等。对镊子的要求是弹性强,合拢时尖端要对正吻合。

3) 起子

起子又称改锥、螺丝刀,如图 4-7 所示,主要用来拧紧螺钉。螺钉有不同的尺寸,螺钉槽常见的有"十"字形和"一"字形。安装不同尺寸和不同形式螺钉槽的螺钉,需要采用相对应尺寸大小和相同字形的起子。

在调节中频变压器和振荡线图的磁芯时,为避免金属起子对电路调试的影响,需要使用无感起子。无感起子一般是采用塑料、有机玻璃或竹片等非铁磁性物质为材质制作,如图 4-8 所示。

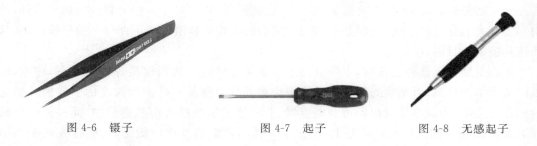

图 4-6　镊子　　　　　　　图 4-7　起子　　　　　　　图 4-8　无感起子

4.2　电子元器件的安装

1. 电子元器件的引线镀锡

电子元器件通过引线焊接到印制板和相互连接在一起,引线的可焊性直接影响作品的可靠性。元器件的引线在生产、运输、存储等各个环节中,接触空气,表面会产生氧化膜,使引线的可焊性下降。焊接前,电子元器件的引线镀锡是必不可少的工序,操作步骤如下:

(1) 校直引线。在手工操作时,可以使用平嘴钳将元器件的引线夹直,不能用力强行拉直,以免将元器件损坏。轴向元器件的引线应保持在轴心线上,或是与轴心线保持平行。

(2) 清洁引线表面。采用助焊剂可以清除金属表面的氧化层,但它对严重的腐蚀、锈迹、油迹、污垢等并不能起作用,而这些附着物会严重影响焊接质量。因此,元器件引线的表面清洁工作十分必要。

一般情况下，镀铅锡合金的引线可以在较长的时间内保持良好的可焊性，免除清洁步骤；较轻的污垢可以用酒精或丙酮擦洗；镀金引线可以使用绘图橡皮擦除引线表面的污物（如图 4-9 所示）；严重的腐蚀性引线只有用刀刮或用砂纸打磨等方法除去，手工刮脚时采用小刀或断锯条等带刃的工具，沿着引线从中间向外刮，边刮边转动引线，直到把引线上的氧化物彻底刮净为止（如图 4-10 所示）。注意，不要划伤引线表面，不得将引线切伤或折断，也不要刮元件引线的根部，根部应留 1～3mm。

图 4-9　橡皮擦清洁引脚　　　　　图 4-10　刮脚

（3）引线镀锡。镀锡是将液态焊锡对被焊金属表面进行浸润，在金属表面形成一个结合层，利用这个结合层将焊锡与待焊金属两种材料牢固连接起来。为了提高焊接的质量和速度，需要在电子元器件的引线或其他需要焊接的待焊面镀上焊锡。目前，很多元器件引线经过特殊处理，在一定的期限范围内可以保持良好的可焊性，完全可免去镀锡的工序。

对于镀铅锡合金的引线，可以先试一下是否需要镀锡。对于一些可焊性差的元器件，如用小刀刮去氧化膜的引线，镀锡是必需的。用蘸锡的焊烙铁沿着蘸了助焊剂的引线加热，从而达到镀锡的目的。

在批量处理元器件引线时，也可以使用锡锅进行镀锡。锡锅保持焊锡在液态，注意，锡锅的温度不能过高，否则液态锡的表面将很快被氧化。将元器件适当长度的引线插入熔融的锡铅合金中，待润湿后取出即可。电容器、电阻器的引线插入熔融锡铅中，元件外壳距离液面保持 3mm 以上，浸入时间为 2～3s。半导体器件对温度比较敏感，引线插入熔融锡铅中，器件外壳距离液面保持 5mm 以上，如图 4-11 所示，浸入时间 1～2s，时间不能够过长，否则大量热量会传到器件内部，造成器件变质、损坏。

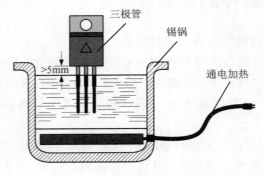

图 4-11　半导体器件的引线镀锡

良好的镀锡层表面应该均匀光亮,无毛刺、无孔状、无锡瘤。

在中等规模的生产中,可以使用搪锡机镀锡,或是使用化学方法去除氧化膜。大规模生产中,从元器件清洗到镀锡,都由自动生产线完成。

(4)引线浸蘸助焊剂。引线镀锡后,需要浸蘸助焊剂。

2. 电子元器件的引线成型

不同类型的电子元器件的引线是多种多样的。在安插到印制电路板之前,对引线进行成型处理是必要的。元器件的引线要根据焊盘插孔的要求做成需要的形状,引线折弯成型要符合安装的要求。轴向双向引出线的电子元器件通常可以采用卧式跨接和立式跨接两种形式,如图 4-12 所示。对于一些对焊接温度十分敏感的元器件,可以在引线上增加一个绕环,如图 4-13 所示。

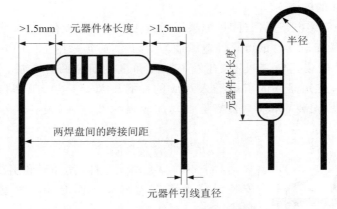

图 4-12　引线的卧式跨接和立式跨接形式

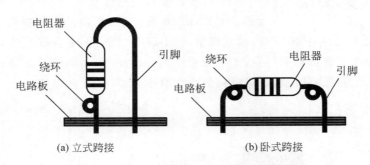

图 4-13　带有绕环的引线形式

为保证引线成型的质量和一致性,应使用专用工具和成型模具。在规模生产中,引线成型工序是采用成型机自动完成的。在加工少量元器件时,可采用手工成型,如图 4-14 所示,使用尖嘴钳或镊子等工具实现元器件引线的弯曲成型。

在引线成形时,应注意:

(1)引线弯曲时,应使用专门的夹具固定弯曲处和器件管座之间的引线,不要拿着管座弯曲,如图 4-14 所示,而且夹具与引线的接触面应平滑,以免损伤引线镀层。

(2)引线弯曲点应与管座之间保持一定的距离 L。

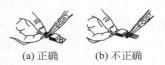

图 4-14　元器件引线手工成型

当引线被弯曲为直角时,$L \geq 3\text{mm}$;当引线弯曲角小于90°时,$L \geq 1.5\text{mm}$。对于小型玻璃封装二极管,引线弯曲处距离管身根部应在5mm以上,否则易造成外引线根部断裂或玻壳裂纹。

(3)弯曲引线时,弯曲的角度不要超过最终成形的弯曲角度。不要反复弯曲引线。不要在引线较厚的方向弯曲引线,如对扁平形状的引线不能进行横向弯折。

(4)不要沿引线轴向施加过大的拉伸应力。有关标准规定,沿引线引出方向无冲击地施加0.227kg的拉力,至少保持30s,不应产生任何缺陷。实际安装操作时,所加应力不能超过这个限度。

(5)弯曲夹具接触引线的部分应为半径$\geq 0.5\text{mm}$的圆角,以避免使用它弯曲引线时损坏引线的镀层。

3. 电子元器件的安装

在整机系统中安装电子元器件时,如果采用方法不当或者操作不慎,容易给器件带来机械损伤或热损伤,从而对器件的可靠性造成危害。因此,必须采用正确的安装方法。

将电子元器件插装到印制板上,有手工插装和机械插装两种方法,手工插装简单易行,对设备要求低,将元器件的引脚插入对应的插孔即可,但生产效率低,误装率高。机械自动插装速度快,误率低,一般都是自动配套流水线作业,设备成本较高,引线成型要求严格。

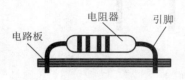

图4-15 贴板式安装形式

1)元器件的安装形式

对于不同类型的元器件,其外形和引线排列形式不同,安装形式也各有差异。下面介绍几种比较常见的安装形式。

(1)贴板式安装。贴板式安装形式如图4-15所示,将元器件紧贴印制板面安装,元器件离印制板的间隙在1mm左右。贴板安装引线短,稳定性好,插装简单,但不利于散热,不适合高发热元器件的安装。双面焊接的电路板因两面都有导线,如果元器件为金属外壳,元器件下面又有印制导线,则为了避免短路,元器件壳体应加垫绝缘衬垫或套绝缘套管,如图4-16所示。

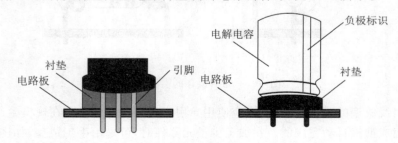

图4-16 壳体加垫绝缘衬垫或套绝缘套管

(2)悬空式安装。发热元器件、怕热元器件一般都采用悬空式安装的方式。悬空式安装形式如图4-17所示,将元器件壳体距离印制板面间隔一定距离安装,安装间隙在3~8mm左右。为保持元器件的高度一致,可以在引线上套上套管。

(3)垂直式安装。在印制板的部分高密度安装区域中可以采用垂直安装形式进行安装,垂直安装形式如图4-18所示,将轴向双向引线的元器件壳体竖直安装,质量大且引线细的元器件不宜用此形式。

　　在垂直安装时，短引线的引脚焊接时，大量的热量被传递，为了避免高温损坏元器件，可以采用衬垫等阻隔热量的传导。

　　（4）嵌入式安装。嵌入式安装形式如图4-19所示，将元器件部分壳体埋入印制电路板的嵌入孔内，一些需要防震保护的元器件可以采用该方式，以增强元器件的抗震性，降低安装高度。

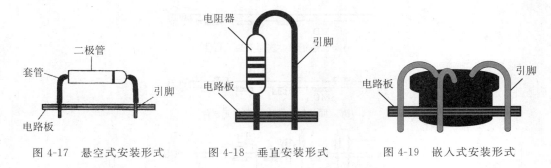

图 4-17　悬空式安装形式　　　图 4-18　垂直安装形式　　　图 4-19　嵌入式安装形式

　　（5）安装固定支架形式。安装固定支架形式如图4-20所示，采用固定支架将元器件固定在印制电路板上，一些小型继电器、变压器、扼流圈等重量较大的元器件采用该方式安装，可以增强元器件在电路板上的牢固性。

　　（6）弯折安装形式。弯折安装形式如图4-21所示，在安装高度有限制时，可以将元器件引线垂直插入电路板插孔后，壳体再朝水平方向弯曲，可以适当降低安装高度。部分质量较大的元器件，为了防止元器件歪斜、引线受力过大而折断，弯折后应采用绑扎、胶粘固等措施，以增强元器件的稳固性。

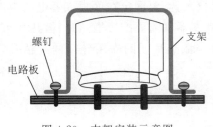
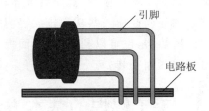

图 4-20　支架安装示意图　　　　图 4-21　弯折安装形式（补一个粘固安装层）

　　2）集成电路的安装

　　集成电路的引线数目多，按照印制板焊盘尺寸成型后，直接对照电路板的插孔插入即可，如图4-22所示，在插装时，注意插入时集成电路的引脚端排列的方向与印制板电路一

图 4-22　集成电路的安装形式

致,将各个引脚与印制电路板上的插孔——对应,均匀用力将集成块安插到位,引脚逐个焊接,引脚不能出现歪斜、扭曲、漏插等现象。在学生实验中,应采用插座形式安装,一般不要直接将集成电路安装在印制板上。安装集成电路时,要注意防止静电损伤,尽可能使用专用插拔器安插集成电路。

3)表面安装(SMT)元器件的贴装方式

表面安装元器件的贴装方式常见的有四种,如图4-23所示。

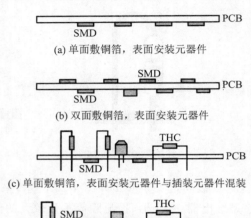

(a) 单面敷铜箔,表面安装元器件

(b) 双面敷铜箔,表面安装元器件

(c) 单面敷铜箔,表面安装元器件与插装元器件混装

(d) 双面敷铜箔,表面安装元器件与插装元器件混装

图4-23 表面安装元器件的贴装方式

4)功率器件的安装

部分金属大功率三极管、稳压器等体积庞大,质量较大,需要固定在面板或者电路板上,增强其安装的稳固性。一些功率较大、发热量较高的功率器件需要配置散热片,散热片可以采用专门的散热器,也可以利用机箱、面板等功率器件与散热片之间先用导热硅胶粘合,再使用螺钉螺母紧固安装。

4.3 手工锡焊的基本方法

4.3.1 电烙铁和焊锡丝的握拿方式

电烙铁和焊锡丝的握拿方式如图4-24和图4-25所示,最常用的姿势是握笔式;反握法适合操作大功率的电烙铁;正握法适合操作中等功率烙铁或带弯头的电烙铁。

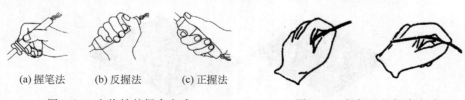

(a) 握笔法　　(b) 反握法　　(c) 正握法

图4-24 电烙铁的握拿方式　　　　图4-25 焊锡丝的握拿方式

大量和长期的吸入焊剂加热挥发出的化学物质对人体是有害的,焊接时操作者头部(鼻子、眼睛)和电烙铁的距离应保持在 30cm 以上。

4.3.2　插装式元器件的焊接

1. 焊接操作的基本步骤

插装式(THT)元器件焊接操作的基本步骤如图 4-26 所示。

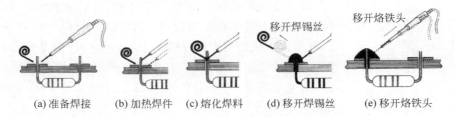

(a) 准备焊接　　(b) 加热焊件　　(c) 熔化焊料　　移开焊锡丝 (d) 移开焊锡丝　　移开烙铁头 (e) 移开烙铁头

图 4-26　插装式元器件焊接操作的基本步骤

(1) 准备焊接

准备好被焊件、焊锡丝和电烙铁,如图 4-26(a)所示,左手拿焊锡丝,右手握经过预上锡的电烙铁。应注意:

① 采用图 4-26 所示的平面焊接形式,不能够使焊接面处于竖直状态,否则焊点来不及固化,液态焊料会出现一定程度的下垂。

② 焊接时,烙铁头长时间处于高温状态,又接触焊剂等受热分解的物质,其表面很容易氧化而形成一层黑色杂质,形成隔热效应,使烙铁头失去加热作用。因此需要用一块湿布或湿木棉清洁烙铁头,以保证烙铁头的焊接能力。

(2) 加热焊件

如图 4-26(b)所示,将烙铁头接触到焊接部位,使元器件的引线和印制板上的焊盘均匀受热。注意:烙铁头对焊接部位不要施加力量,加热时间不能过长。否则,烙铁头产生的高温会损伤元器件,使焊点表面的焊剂挥发,使塑料、电路板等材质受热变形。

(3) 熔化焊料

在焊接部位的温度达到要求后,将焊丝置于焊点部位,即被焊接部位上烙铁头对称的一侧,使焊料开始熔化并润湿焊点,如图 4-26(c)所示。注意:烙铁头温度比焊料熔化温度高 50℃较为适宜。加热温度过高,会引起焊剂没有足够的时间在被焊面上漫流,而过早挥发失效;焊料熔化速度过快影响焊剂作用的发挥等。

(4) 移开焊锡丝

在熔化一定量的焊锡后将焊丝移开,如图 4-26(d)所示,熔化的焊锡不能过多也不能过少,否则都会降低焊点的性能。过量的焊锡会增加焊接时间,降低焊接速度,还可能造成短路,也会造成成本浪费。焊锡过少不能形成牢固的焊接点,会降低焊点的强度。

(5) 移开烙铁头

当焊锡完全润湿焊点,扩散范围达到要求后,需要立即移开烙铁头。烙铁头的移开方向应该与电路板焊接面大致呈 45°,移开速度不能太慢,如图 4-26(e)所示。

烙铁头移开的时间、移开时的角度和方向会对焊点形成有直接关系。如果烙铁头移开方向与焊接面呈 90°时,焊点容易出现拉尖现象。烙铁头移开方向与焊接面平行时,烙铁头会带走大量焊料,降低焊点的质量。

2. 焊点质量要求

1)标准焊点形状

手工电烙铁锡焊的标准焊点形状如图 4-27 所示。一个高质量的焊点要求如下:焊料与印制板焊盘和元器件引脚的金属界面形成牢固的合金层,具有良好的导电性能。

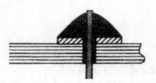

图 4-27 标准焊点形状

焊点连接印制板焊盘和元器件引脚,必须具有一定的机械强度。焊点上的焊料要适量,在印制电路板焊接时,焊料布满焊盘,外形以焊接的元器件导线为中心,匀称、成裙形拉开,焊料的连接面呈半弓形凹面,焊料与焊件交界平滑,接触角尽可能小。焊点表面应清洁、光亮且色泽均匀、无裂纹、无针孔、无夹渣、无毛刺。

2)典型的不良焊点形状

典型的不良焊点外观形状如图 4-28 所示。

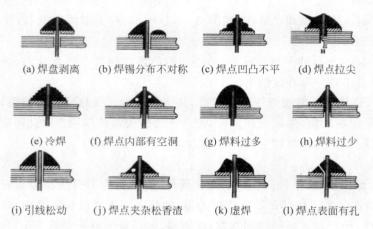

(a) 焊盘剥离   (b) 焊锡分布不对称   (c) 焊点凹凸不平   (d) 焊点拉尖

(e) 冷焊   (f) 焊点内部有空洞   (g) 焊料过多   (h) 焊料过少

(i) 引线松动   (j) 焊点夹杂松香渣   (k) 虚焊   (l) 焊点表面有孔

图 4-28 典型的不良焊点外观

(a) 焊盘剥离。产生的原因是焊盘加热时间过长,高温使焊盘与电路板剥离。该类焊点极易引发印制板导线断裂,造成元器件断路、脱落等故障。

(b) 焊锡分布不对称。产生的原因是焊剂、焊锡质量不好,或是加热不足。该类焊点的强度不够,在外力作用下极易造成元器件断路、脱落等故障。

(c) 焊点发白,凹凸不平,无光泽。产生的原因是烙铁头温度过高,或者是加热时间过长。该类焊点的强度不够,在外力作用下极易造成元器件断路、脱落等故障。

(d) 焊点拉尖。产生的原因是烙铁头移开的方向不对,或者是温度过高使焊剂大量升华。该类焊点会引发元器件与导线之间的“桥接”,形成短路故障。在高压电路部分,将会产生尖端放电而损坏电子元器件。

(e) 冷焊,焊点表面呈豆腐渣状。产生的原因是烙铁头温度不够,或者是焊料在凝固前元器件被移动。该类焊点强度不高,导电性较弱,在受到外力作用时极易产生元器件断路的故障。

　　(f) 焊点内部有空洞。产生的原因是引线浸润不良,或者是引线与插孔间隙过大。该类焊点可以暂时导通,但是时间一长,元器件容易出现断路故障。

　　(g) 焊料过多。产生的原因是焊锡丝未及时移开。

　　(h) 焊料过少。产生的原因是焊锡丝移开过早。该类焊点强度不高,导电性较弱,在受到外力作用时极易产生元器件断路的故障。

　　(i) 引线松动,元器件引线可移动。产生的原因是焊料凝固前,引线有移动,或者是引线焊剂浸润不良。该类焊点极易引发元器件接触不良、电路不能导通。

　　(j) 焊点夹杂松香渣。产生原因是焊剂过多或者加热不足。该类焊点强度不高,导电性不稳定。

　　(k) 虚焊。是由于焊料与引线接触角度过大。产生的原因是焊件表面不清洁,焊剂不良,或者是加热不足。该类焊点的强度不高,会使元器件的导通性不稳定。

　　(l) 焊点表面有孔。产生的原因是引线与插孔间隙过大。该类焊点强度不高,焊点容易被腐蚀。

　　另外,还有焊点表面的污垢,尤其是焊剂的有害残留物质。产生的原因是未及时清除。酸性物质会腐蚀元器件引线、接点及印制电路,吸潮会造成漏电甚至短路燃烧等故障。

4.3.3　表面安装元器件的焊接

　　表面安装(SMT)元器件的焊接方法与插装式元器件的焊接方法差别较大。

1. 焊接特点

　　插装式元器件通过引线插孔进行焊接,焊接时不会移位,由于元器件与焊盘分别设置在印制电路板的两面,故元器件的焊接较为容易和方便。

　　由于表面安装元器件的焊盘与元器件在印制电路板的同一面,无固定孔,在焊接过程中很容易移位。焊接的端子形状也不一样,焊盘细小,焊接要求高。故在焊接时应仔细小心,以防出现焊接不良现象或损坏被焊件。

2. 焊接工具要求

　　表面安装元器件时,对所使用的工具有以下要求:

　　(1) 电烙铁:在对一般表面安装元器件进行焊接时,电烙铁的功率不要超过40W,采用25W较为合适,最好是功率与温度为可调的电烙铁。

　　(2) 选用的烙铁头部要尖,最好是采用带有抗氧化层的烙铁头。

　　(3) 也可以自制一固定夹具。

3. 手工贴装SMT元器件的方法

　　手工贴片之前,需要先在电路板的焊接部位涂抹助焊剂和焊膏。可以用刷子把助焊剂直接刷涂到焊盘上,也可以采用简易印刷工装手工印刷焊锡膏或采用手动点胶机滴涂焊膏。

　　采用手工贴片工具贴放SMT元器件。手工贴片的工具有:不锈钢镊子、吸笔、3～5倍台式放大镜或5～20倍立体显微镜、防静电工作台、防静电腕带。

　　手工贴片的操作方法有:

　　(1) 贴装SMC片状元件:用镊子夹持元件,把元件焊端对齐两端焊盘,居中贴放在焊膏上,用镊子轻轻按压,使焊端浸入焊膏。

（2）贴装 SOT：用镊子夹持 SOT 元器件本体，对准方向，对齐焊盘，居中贴放在焊膏上，确认后用镊子轻轻按压元器件本体，使引脚不小于 1/2 厚度浸入焊膏中。

（3）贴装 SOP、QFP：器件第 1 脚或前端标志对准印制板上的定位标志，用镊子夹持或吸笔吸取器件，对齐两端或四边焊盘，居中贴放在焊膏上，用镊子轻轻按压器件封装的顶面，使器件引脚不小于 1/2 厚度浸入焊膏中。贴装引脚间距在 0.65mm 以下的窄间距器件时，应该在 3～20 倍的显微镜下操作。

（4）贴装 SOJ、PLCC：与贴装 SOP、QFP 的方法相同，只是由于 SOJ、PLCC 的引脚在器件四周的底部，需要把印制板倾斜 45°来检查芯片是否对中，引脚是否与焊盘对齐。

（5）在手工贴片前必须保证焊盘清洁。新电路板上的焊盘都比较干净，但返修的电路板在拆掉旧元件以后，焊盘上就会有残留的焊料。贴换元器件到返修位置上之前，必须先用手工或半自动的方法清除残留在焊盘上的焊料。

4. 手工焊一般片状元器件的方法

最好使用恒温电烙铁焊接 SMT 元器件，若使用普通电烙铁，其金属外壳应该接地，防止感应电压损坏元器件。由于片状元器件的体积小，烙铁头的尖端要细，截面积应该比焊接面小一些。焊接时要注意随时擦拭烙铁尖，保持烙铁头洁净；焊接时间要短，一般不超过 4s，看到焊锡开始熔化就立即抬起烙铁头；焊接过程中，烙铁头不要碰到其他元器件；焊接完成后，要用带照明灯的 2～5 倍放大镜，仔细检查焊点是否牢固、有无虚焊现象；若焊件需要镀锡，先将烙铁尖接触待镀锡处约 1s，然后再放焊料，焊锡熔化后立即撤回烙铁。

焊接电阻、电容、二极管这类两端元器件时，先在一个焊盘上镀锡；然后右手持电烙铁压在镀锡的焊盘上，保持焊锡处于熔融状态，左手用镊子夹着元器件推到焊盘上，先焊好一个焊端；最后再焊接另一个焊端，如图 4-29 所示。

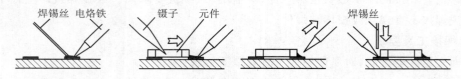

图 4-29　手工焊接 SMT 元件

另一种焊接方法是，先在焊盘上涂敷助焊剂，并在基板上点一滴不干胶，再用镊子将元器件放在预定的位置上，先焊好一脚，然后焊接其他引脚。安装钽电解电容器时，要先焊接正极，后焊接负极，以免电容器损坏。

5. 手工焊接片状集成电路的方法

对于 SMT 元件的手工焊接方法，一般分为用电烙铁焊接与用热风枪焊接两种方法。由于电烙铁比热风枪还要普及，故这里主要讲述用烙铁进行焊接的方法。

（1）焊前准备

清洗焊盘，然后在焊盘上涂上助焊剂，如图 4-30 所示。

（2）对角线定位

定位好芯片，点少量焊锡到尖头烙铁上，焊接两个对角位置上的引脚，使芯片固定而不能移动，如图 4-31 所示。

图 4-30　涂助焊剂　　　　　　　　　　　图 4-31　对角线定位

（3）平口烙铁拉焊

使用平口烙铁，顺着一个方向烫芯片的管脚。注意力度一定要均匀，速度适中，避免弄歪芯片的管脚。另外注意先拉焊没有定位的两边，这样就不会产生芯片错位。也可以再涂抹一些助焊剂在芯片的管脚上面，更容易施焊，如图 4-32 所示。

（4）用放大镜观察结果

焊完之后，检查一下是否有未焊好的或者有短路的地方，适当修补，如图 4-33 所示。

图 4-32　拉焊　　　　　　　　　　　　图 4-33　焊完检查

（5）酒精清洗电路板

用棉签擦拭电路板，主要是将助焊剂擦拭干净即可，如图 4-34 所示。

图 4-34　清洗电路板

注意事项：在进行上述拉焊时，烙铁头不要对集成电路的根部加热，以免导致器件过热而损坏。烙铁头对集成电路引脚的压力不要过大，使其处于"飘浮"在引脚上的状态，进而利用焊锡的张力，引导熔融的焊锡珠从右到左慢慢移动。但只能向一个方向飘浮拉焊，不可往返加焊。在拉焊过程中，仔细观察集成块各个引脚上焊点的形成和加锡量是否均匀。若出现焊接短路现象，可用尖针针头将焊融的短路点中间划开，或采用前述的编制带将短路点分开的方法。

6. SMT 自动焊接基本工艺简介

SMT 自动焊接有两种基本方式，主要取决于焊接方式。

（1）采用波峰焊（见图 4-35）。

① 点胶：用点胶机将胶水点到 SMB(surface mounting board)上元件中心位置。

② 贴片：用贴片机将 SMC/SMD 放到 SMB 上。

③ 固化：使用相应固化装置将 SMD/SMC 固定在 SMB 上。

④ 焊接：将 SMB 经过波峰焊机。

⑤ 清洗，检测。

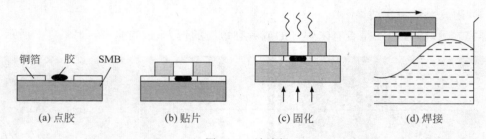

(a) 点胶　　　(b) 贴片　　　(c) 固化　　　(d) 焊接

图 4-35　波峰焊

此种方式适合大批量生产，对贴片精度要求高，生产过程自动化程度要求很高。

（2）采用再流焊（见图 4-36）。

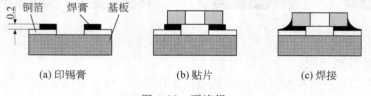

(a) 印锡膏　　　(b) 贴片　　　(c) 焊接

图 4-36　再流焊

① 涂焊膏：用丝印/涂膏机将焊膏涂到焊盘上。

② 贴片：同波峰方式。

③ 再流焊：用再流焊炉。

④ 清洗，检测。

这种方法较为灵活，视配置设备的自动化程度，既可用于中小批量生产，又可用于大批量生产。

4.4　电子装置的组装

电子电路设计完成以后,要进行电路的组装。

4.4.1　装配工艺要求

电子装置的基本装配工艺要求主要有:

(1) 准备好常用的工具和材料。要将各种各样的电子元器件及结构各异的零部件装配成符合要求的电子产品,一套基本的工具是必不可少的,如烙铁、钳子、镊子、改锥和焊锡。正确使用得心应手的工具,可大大提高工作效率,保证装配质量。

(2) 所有电子元器件在组装前要全部测试一遍,有条件的还要进行优化,以保证器件的质量。

(3) 有极性的电子元器件组装时其标志最好方向一致,以便于检查和更换。集成电路的方向要保持一致,以便正确布线和查线。

(4) 在面包板上组装电路时,为了便于查线,可根据连线的不同作用选择不同颜色的导线。如正电压采用红颜色,负电压采用蓝颜色导线,地线采用黑色导线,信号线采用黄色导线。

(5) 布线要按信号的流向有序连接,连线要做到横平竖直,不允许跨接在集成电路上。

(6) 电阻、二极管(发光二极管除外)均采用水平安装,贴紧印制板。电阻的色环方向应该一致,并朝向外侧。

(7) 发光二极管直立式安装,底面离印制板(6±2)mm。

(8) 三极管、单向可控硅、场效应管采用直立式安装,底面离印制板(5±1)mm。

(9) 电解电容器、涤纶电容器尽量插到底,元件底面高印制板最高不能大于4mm。圆片电容器底面离印制板一般为2~4mm。

(10) 微调电位器尽量插到底,不能倾斜,三只脚均需焊接。

(11) 扳手开关用配套螺母安装,开关体在印制板的导线面,扳手在元件面。

(12) 输入、输出变压器装配时紧贴印制板。

(13) 集成电路、继电器、轻触式按钮开关底面与印制板贴紧。

(14) 电源变压器用螺钉紧固在印制电路板上,螺母均放在导线面,伸长的螺钉用作支撑(印制电路板的四角也可安上螺钉)。靠印制电路板上的一只紧固螺母下垫入接线片,用于固定220V电源线。变压器次级绕组向内,引出线焊在印制板上。若只需使用其中一组,多余的引出线用绝缘胶布包妥后压在变压器下。变压器初级绕组向外,接电源线。引出线和电源线接头焊接后,需用绝缘胶布包妥,绝不允许露出线头。

(15) 插件装配美观、均匀、端正、整齐,不能歪斜,高矮有序。

(16) 所有插入焊片孔的元器件引线及导线均采用直脚焊,剪脚留头在焊面以上(1±0.5)mm。

4.4.2　整机装配流程

整机总装就是根据设计要求,将组成整机的各个基本部件按一定工艺流程进行装配、连接,最终组合成完整的电子设备。

　　虽然电子产品的总装工艺过程会因产品的复杂程度、产量大小以及生产设备和工艺的不同而有所区别,但总的来说,都可以简化为装配准备、印制电路板装配、连接线的加工与制作、单元组件装配、箱体装联、整机调试和最终验收等几个重要阶段。

1. 装配准备

　　装配准备主要是根据设计产品要求,从数量和质量两方面对所有装配过程中要使用的元器件、装配件、紧固件以及线缆等基础零部件进行准备。

　　"数量上"的准备就是要保证装配过程中零部件的配套,既不能过多,也不能过少。"过多"就是指某些零部件超出了额定装配数量,这样就会在装配过程中造成不必要的浪费和误装。"过少"则是某些零部件的数量达不到额定装配数量,或者有些零部件的数量没有考虑到装配过程中的损耗,这样就会在整机装配过程中因缺少某些零部件而造成整机无法成形。

　　"质量上"的准备就是要对所有参与装配的零部件进行质量检验。总装前,对所使用的各种零部件进行质量检测,检测合格的产品才能作为原材料送到下一个工序。对已检验合格的装配零部件,要做好整形、清洁工作。

2. 印制电路板装配

　　印制电路板装配的过程主要是将电容器、电阻器、晶体管、集成电路以及其他各类插装或贴片元器件等电子器件,按照设计文件的要求安装在印制电路板上。这一过程是作品组装中最基础的一级组装过程。

　　在印制电路板装配阶段,需要对所安装电子元器件的安装工艺和焊接工艺等进行检测,如漏焊、虚焊,由于焊接不当或元器件安装不当而造成的元器件损坏等。

3. 连接线的加工与制作

　　连接线的加工与制作主要就是按照设计文件,对整个装配过程中所用到的各类数据线、导线、连接线等进行加工处理,使其符合设计的工艺要求。除了要严格确保连接线的质量外,连接线的规格、尺寸、数量等都应满足设计要求。导线数量较多时,每一组连接线的导线数、长度及规格都有所不同,需要分别加工、编号。

　　在连接线的加工与制作环节中,需要对加工制作好的连接线缆及接头进行检测,检测所制作的连接线是否畅通及是否符合工艺要求。

4. 单元组件装配

　　单元组件装配就是在"印制电路板装配"的基础上,将组装好的印制电路板通过接插件或连线等方法组合成具有综合功能特性的单元组件。例如,电源电路单元组件、带显示的单片机最小系统等。在单元组件装配阶段,需要对单元组件的装配工艺和功能进行检测。技术指标与其他单元组件有关的单元组件,测试的标准往往以功能实现作为衡量尺度。部分独立的单元组件,需要测试功能和技术两方面指标。

5. 箱体装联

　　箱体装联就是在"单元组件装配"的基础上,将组成电子产品的各种单元组件组装在统一的箱体、柜体或其他承载体中,最终完成一件完整的作品。除了要完成单元组件间的装配,还需要对整个箱体进行布线、连线,以方便各组件之间的线路连接。箱体的布线要严格按照设计要求,否则会给安装以及以后的检测和维护工作带来不便。

　　在箱体装联阶段,主要是对装联的工艺和所实现的功能要求进行检测。常出现的问题有连接线的布设不合理、连接接口故障或因装联操作不当而造成单元电路板上的元件损坏等。

6. 整机调试

整台电子产品组装完成后,就需要对整机进行调试。整机调试主要包括调整和测试两部分工作。调整工作包括功能调整和电气性能调整两部分。功能调整就是对电子产品中的可调整部分(如可调元器件、机械传动器件等)进行调整,使作品能够完成正常的工作过程,具有基本的功能。电气性能调整是指对整机的电性能进行调整,使整机能够达到预定的技术指标。测试则是对组装好的整机进行功能和性能的综合检测,整体测试作品是否能够达到预定技术指标及能否完成预定工作。通常,对整机的调整和测试是结合进行的,即在调整的过程中不断测试,看能否达到预期指标,如果不能,则继续调整,直到最终符合设计之初的要求。

7. 验收

在整机总装过程中,最终验收是收尾环节,它主要是对调整好的整机进行各方面的综合检测,以确定该产品是否达到设计要求。

在整机总装的过程中,每一个环节都需要严格的检测,以确保最终所装配的整机性能可靠,在整个总装过程中,遵循着从个体到整体、从简单到复杂、从内部到外部的装配顺序,每个环节之间都紧密连接,环环相扣,每道工序之间都存在着继承性,所有的工作都必须严格按照设计要求操作。只有这样,才能保证总装的整机质量可靠。

4.5　电子装置的调试

电子装置的调试在电子工程中占有重要地位,是对设计电路的正确与否及性能指标的检测过程,也是初学者实践技能培养的重要环节之一。

调试过程是利用符合指标要求的各种电子测量仪器,如示波器、万用表、信号发生器、频率计、逻辑分析仪等,对安装好的电路或电子装置进行调整和测量,以保证电路或装置正常工作,同时,判别其性能的好坏、各项指标是否符合要求等。因此,调试必须按一定的方法和步骤进行。

4.5.1　调试的方法和步骤

1. 调试前的直观检查

电路安装完毕,通常不宜急于通电,先要认真检查一下。检查内容包括:

(1) 连线是否正确。

检查电路连线是否正确,包括错线(连线一端正确,另一端错误)、少线(安装时完全漏掉的线)和多线(连线的两端在电路图上都是不存在的)。查线的方法通常有两种:

① 按照电路图检查安装的线路

这种方法的特点是,根据电路图连线,按一定顺序逐一检查安装好的线路,由此可比较容易地查出错线和少线。

② 按照实际线路来对照原理电路进行查线

这是一种以元件为中心进行查线的方法。把每个元件(包括器件)引脚的连线一次查清,检查每个去处在电路图上是否存在,这种方法不但可以查出错线和少线,还容易查出多线。

为了防止出错,对于已查过的线通常应在电路图上做出标记,最好用指针式万用表"Ω
×1"挡,或数字式万用表"Ω挡"的蜂鸣器来测量,而且直接测量元器件引脚,这样可以同时
发现接触不良的地方。

(2)元器件安装情况。

检查元器件引脚之间有无短路;连接处有无接触不良;二极管、三极管、集成元件和电
解电容极性等是否连接有误。

(3)电源供电(包括极性)、信号源连线是否正确。

(4)电源端对地(⏚)是否正存在短路。在通电前,断开一根电源线,用万用表检查电源
端对地(⏚)是否存在短路。

若电路经过上述检查,并确认无误后就可转入调试阶段。

2. 调试方法

调试包括测试和调整两个方面。所谓电子电路的调试,是以达到电路设计指标为目的
而进行的一系列的测量、判断、调整、再测量的反复过程。

为了使调试顺利进行,设计的电路图上应当标明各点的电位值、相应的波形图以及其他
重要数据。通常有以下两种调试电路的方法:

第一种是采用边调试边安装的方法,通常是先分调后联调(总调)。把一个总电路按框
图上的功能分成若干单元电路,分别进行安装和调试,在完成各单元电路调试的基础上逐步
扩大安装和调试的范围,最后完成整机调试。采用先分调后联调的优点是,能及时发现问题
和解决问题。新设计的电路一般采用此方法。对于包括模拟电路、数字电路和微机系统的
电子装置更适合采用这种方法进行调试。因为只有把三部分分开调试,分别达到设计指标,
并经过信号及电平转换电路后才能实现整机联调。否则,由于各电路要求的输入、输出电压
和波形不匹配,盲目进行联调,就可能造成大量的器件损坏。

第二种方法是整个电路安装完毕,实行一次性调试。这种方法适用于定型产品。

3. 调试步骤

(1)通电前检查

电路安装完毕,首先直观检查各部分接线是否正确,检查电源、地线、信号线、元器件引
脚之间有无短路,器件有无接错。

(2)通电检查

接入电路所要求的电源电压,观察电路中各部分器件有无异常现象。如果出现异常现
象,则应立即关断电源,待排除故障后方可重新通电。

(3)单元电路调试

在调试单元电路时应明确本部分的调试要求,按调试要求测试性能指标和观察波形。
调试按信号流向的顺序进行,这样可以把前面调试过的输出信号作为后一级的输入信号,为
最后的整机联调创造条件。

交流、直流并存是电子电路工作的一个重要特点。一般情况下,直流为交流服务,直流
是电路工作的基础。因此,电子电路的调试有静态调试和动态调试之分。

① 静态调试。静态调试一般是指在加信号的条件下所进行的直流测试和调整过程。
例如,通过静态测试模拟电路的静态工作点,数字电路的各输出的高、低电平及逻辑关系等,

可以及时发现已经损坏的元器件,判断电路工作情况,并及时调整电路参数,使电路工作状态符合设计要求。

② 动态调试。动态调试是在静态调试的基础上进行的。调试的方法是在电路的输入端接入适当频率和幅值的信号,并循着信号的流向逐级检测各有关点的波形、参数和性能指标。发现故障现象,应采取不同的方法缩小故障范围,最后设法排除故障。

测试过程中不能凭感觉和印象,要始终借助仪器观察。使用示波器时,最好把示波器的信号输入方式置于"DC"挡,通过直流耦合方式,可同时观察被测信号的交、直流成分。

(4) 整机联调

各单元电路调试完成后就为整机调试打下了基础。整机联调时应观察各电路连接后各级之间的信号关系,主要观察动态结果,检查电路的性能和参数,分析测量的数据和波形是否符合设计要求,对发现的故障和问题应及时采取处理措施。

通过调试,最后检查功能块和整机的各种指标(如信号的幅值、波形形状、相位关系、增益、输入阻抗和输出阻抗等)是否满足设计要求,如有必要,再进一步对电路参数提出合理的修正。

4. 调试中注意事项

调试结果是否正确,很大程度受测量正确与否和测量精度的影响。为了保证调试的效果,必须减少测量误差,提高测量精度。为此,需注意以下几点:

(1) 正确使用测量仪器的接地端。凡是使用低端接机壳的电子仪器进行测量,仪器的接地和放大器的接地端应连接在一起,否则仪器机壳引入的干扰不仅使放大器的工作状态发生变化,而且将使测量结果出现误差。

(2) 测量电压所用仪器的输入阻抗必须远大于被测处的等效阻抗。因为,若测量仪器输入阻抗小,则在测量时会引起分流,给测量结果带来很大误差。

(3) 测量仪器的带宽必须大于被测电路的带宽。

(4) 要正确选择测量点。用同一台测量仪进行测量时,测量点不同,仪器内阻引进的误差大小将不同。

(5) 测量方法要方便可行。需要测量某电路的电流时,一般尽可能测电压而不测电流,因为测电压不必改动被测电路,测量方便。若需知道某一支路的电流值,可以通过测取该支路上电阻两端的电压,经过换算而得到。

(6) 调试过程中,不但要认真观察和测量,还要善于记录。记录的内容包括实验条件,观察的现象,测量的数据、波形和相位关系等。只有有了大量的实验记录并与理论结果加以比较,才能发现电路设计上的问题,完善设计方案。

(7) 调试时出现故障,要认真查找故障原因,切不可一遇故障解决不了就拆线路重新安装。因为重新安装的线路仍有可能存在各种问题,如果是原理上的问题,即使重新安装也解决不了问题。要把查找故障、分析故障原因看成一次好的学习机会,通过它来不断提高自己分析问题和解决问题的能力。

4.5.2　电路故障的分析与排除方法

在实践、训练过程中,电路故障常常不可避免。分析故障现象、解决故障问题可以提高实践和动手能力。分析和排除故障的过程,就是从故障现象出发,通过反复测试,作出分析判断、逐步找出问题的过程。首先要通过对原理图的分析,把系统分成不同的功能模块,通过逐一测量找出故障所在区域,然后对故障模块区域内部加以测量并找出故障,即从一个系统或模块的预期功能出发,通过实际测量,确定其功能的实现是否正常来判断是否存在故障,然后逐步深入,进而找出故障并加以排除。

1. 故障现象和产生故障的原因

1) 常见的故障现象

(1) 放大电路没有输入信号,而有输出波形。

(2) 放大电路有输入信号,但没有输出波形,或者波形异常。

(3) 串联稳压电源无电压输出,或输出电压过高且不能调整,或输出稳压性能变坏、输出电压不稳定等。

(4) 振荡电路不产生振荡。

(5) 计数器输出波形不稳,或不能正确计数。

(6) 收音机中出现"嗡嗡"交流声和"啪啪"的汽船声等。

以上是最常见的一些故障现象,还有很多奇怪的现象,在这里就不一一列举了。

2) 产生故障的原因

故障产生的原因很多,情况也很复杂,有的是一种原因引起的简单故障,有的是多种原因相互作用引起的复杂故障。因此,引起故障的原因很难简单分类。这里只能进行一些粗略的分析。

(1) 对于定型产品使用一段时间后出现故障,故障原因可能是元器件损坏,连线发生短路或断路(如焊点虚焊,接插件接触不良,可变电阻器、电位器等接触不良,接触面表面镀层氧化等),或使用条件发生变化(如电网电压波动、过冷或过热的工作环境等)影响电子设备的正常运行。

(2) 对于新设计安装的电路来说,故障原因可能是:实际电路与设计的原理图不符,元器件使用不当或损坏,设计的电路本身就存在某些严重缺点,不满足技术要求,连线发生短路或断路等。

(3) 仪器使用不正确引起的故障,如示波器使用不正确而造成的波形异常或无波形,共地问题处理不当而引入的干扰等。

(4) 各种干扰引起的故障。

2. 检查故障的一般方法

查找故障的顺序可以从输入到输出,也可以从输出到输入。查找故障的一般方法有:

1) 直接观察法

直接观察法是指不用任何仪器,利用人的视、听、嗅、触等手段来发现问题,寻找和分析故障。直接观察包括不通电检查和通电观察。

检查仪器的选用和使用是否正确;电源电压的等级和极性是否符合要求;电解电容的极性、二极管和三极管的管脚、集成电路的引脚有无错接、漏接、互碰等情况;布线是否合理;印刷板有无断线;电阻、电容有无烧焦和炸裂等。

通电观察元器件有无发烫、冒烟,变压器有无焦味,电子管、示波管灯丝是否亮,有无高压打火等。

此法简单,也很有效,可作初步检查时用,但对比较隐蔽的故障无能为力。

2）用万用表检查静态工作点

电子电路的供电系统、电子管或半导体三极管、集成块的直流工作状态（包括元器件引脚、电源电压）、线路中的电阻值等都可用万用表测定。当测得值与正常值相差较大时，经过分析可找到故障。

3）信号寻迹法

对于各种较复杂的电路，可在输入端接入一个一定幅值、适当频率的信号（例如，对于多级放大器，可在其输入端接入频率为 1000Hz 的正弦信号），用示波器由前级到后级（或者相反），逐级观察波形及幅值的变化情况，如哪一级异常，则故障就在该级。这是深入检查电路的方法之一。

4）对比法

怀疑某一电路存在问题时，可将此电路的参数与工作状态和相同的正常电路的参数（或理论分析的电流、电压、波形等）进行一一对比，从中找出电路中的不正常情况，进而分析故障原因，判断故障点。

5）部件替换法

有时故障比较隐蔽，不能一眼看出。如这时我们手头有与故障仪器同型号的正常仪器时，可以将正常仪器中的部件、元器件、插件板等替换有故障仪器中的相应部件，以便于缩小故障范围，进一步查找故障。

6）旁路法

当有寄生振荡现象，可以利用适当容量的电容器，选择适当的检查点，将电容临时跨接在检查点与参考接地点之间，如果振荡消失，就表明振荡是此附近或前级电路中产生；否则就在后面，再移动检查点进行寻找。

应该指出的是，旁路电容要适当，不宜过大，只要能较好地消除有害信号即可。

7）短路法

就是采取临时性短接一部分电路来寻找故障的方法。若怀疑某一元件或线路断路，则可以将其两端短路，如果此时恢复正常，则说明故障发生在该元件或线路上。

短路法对检查断路性故障最有效。但要注意对电源（电路）不能采用短路法。

8）断路法

断路法用于检查短路故障最有效。断路法也是一种故障怀疑点逐步缩小范围的方法。例如，某稳压电源因接入一带有故障的电路，使输出电流过大，我们采取依次断开电路的某一支路的办法来检查故障。如果断开某路后电流恢复正常，则故障就发生在此支路上。

实际调试时，寻找故障原因的方法多种多样，以上仅列举了几种常用的方法。这些方法的使用可根据设备条件、故障情况灵活掌握，对于简单的故障用一种方法即可查找出故障点，但对于较复杂的故障则需采取多种方法互相补充、互相配合，才能找出故障点。在一般情况下，寻找故障的常规做法是：先用直接观察法，排除明显的故障；再用万用表（或示波器）检查静态工作点。信号寻迹法是对各种电路普遍适用而且简单直观的方法，在动态调试中广为应用。

应当指出，对于反馈环内的故障诊断是比较困难的，在这个闭环回路中，只要有一个元器件（或功能块）出故障，则往往整个回路中处处存在故障现象。寻找故障的方法是先把反馈回路断开，使系统成为一个开环系统，然后再接入适当的输入信号，利用信号寻迹法来寻找发生故障的元器件（或功能块）。

第5章

电子装置装调实训

5.1 常用电子仪器的使用

1. 实训目的

（1）学习电子装置实训中常用的电子仪器——示波器、函数信号发生器、直流稳压电源、交流毫伏表等的主要技术指标、性能及正确使用方法。

（2）初步掌握用双踪示波器观察正弦信号波形和读取波形参数的方法。

2. 实训设备

（1）函数信号发生器　　　　1台

（2）双踪示波器　　　　　　1台

（3）交流毫伏表　　　　　　1台

3. 实训原理

在模拟电子电路、电子装置实训中，经常使用的电子仪器有示波器、函数信号发生器、直流稳压电源、交流毫伏表等。它们和万用表一起，可以完成对模拟电子电路的静态和动态工作情况的测试。

实训中要对各种电子仪器进行综合使用，可按照信号流向，以连线简捷、调节顺手、观察与读数方便等原则进行合理布局，各仪器与被测电路之间的布局与连接如图5-1所示。接线时应注意，为防止外界干扰，各仪器的公共接地端应连接在一起，称共地。信号源和交流毫伏表的引线通常用屏蔽线或专用电缆线，示波器接线使用专用电缆线，直流电源接线用普通导线。

1）示波器

示波器是一种用途很广的电子测量仪器，它既能直接显示电信号的波形，又能对电信号进行各种参数的测量。现着重指出下列几点：

（1）寻找扫描光迹

将示波器 Y 轴显示方式置"Y1"或"Y2"，输入耦合方式置"GND"，开机预热后，若在显示屏上不出现光点和扫描基线，可按下列操作去找到扫描线：

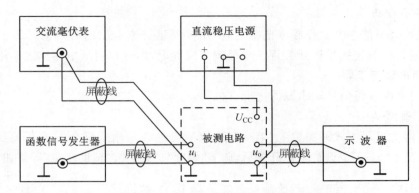

图 5-1　模拟电子电路中常用电子仪器布局图

① 适当调节亮度旋钮;

② 触发方式开关置"自动";

③ 适当调节垂直(↑↓)、水平$\left(\begin{array}{c}\rightarrow\\\leftarrow\end{array}\right)$"位移"旋钮,使扫描光迹位于屏幕中央。(若示波器设有"寻迹"按键,可按下"寻迹"按键,判断光迹偏移基线的方向。)

(2) 双踪示波器一般有五种显示方式,即"Y1"、"Y2"、"Y1＋Y2"三种单踪显示方式和"交替"、"断续"两种双踪显示方式。"交替"显示一般适宜于输入信号频率较高时使用。"断续"显示一般适宜于输入信号频率较低时使用。

(3) 为了显示稳定的被测信号波形,"触发源选择"开关一般选为"内"触发,使扫描触发信号取自示波器内部的 Y 通道。

(4) 触发方式开关通常先置于"自动",调出波形后,若被显示的波形不稳定,可置触发方式开关于"常态",通过调节"触发电平"旋钮找到合适的触发电压,使被测试的波形稳定地显示在示波器屏幕上。有时,由于选择了较慢的扫描速率,显示屏上将会出现闪烁的光迹,但被测信号的波形不停地在 X 轴方向左右移动,这样的现象仍属于稳定显示。

(5) 适当调节"扫描速率"开关及"Y 轴灵敏度"开关,使屏幕上显示 1～2 个周期的被测信号波形。在测量幅值时,应注意将"Y 轴灵敏度微调"旋钮置于"校准"位置,即顺时针旋到底,且听到关的声音。在测量周期时,应注意将"X 轴扫速微调"旋钮置于"校准"位置,即顺时针旋到底,且听到关的声音。还要注意"扩展"旋钮的位置。

根据被测波形在屏幕坐标刻度上垂直方向所占的格数(div 或 cm)与"Y 轴灵敏度"开关指示值(v/div)的乘积,即可算得信号幅值的实测值。

根据被测信号波形一个周期在屏幕坐标刻度水平方向所占的格数(div 或 cm)与"扫速"开关指示值(t/div)的乘积,即可算得信号频率的实测值。

2) 函数信号发生器

函数信号发生器按需要输出正弦波、方波、三角波三种信号波形。输出电压最大可达 $20V_{P-P}$。通过输出衰减开关和输出幅度调节旋钮,可使输出电压在毫伏级到伏级范围内连续调节。函数信号发生器的输出信号频率可以通过频率分挡开关进行调节。

函数信号发生器作为信号源,它的输出端不允许短路。

3）交流毫伏表

交流毫伏表只能在其工作频率范围之内,用来测量交流电压的有效值。为了防止过载而损坏,测量前一般先把量程开关置于量程较大位置上,然后在测量中逐挡减小量程。

4. 实训内容与步骤

首先,用机内校正信号对示波器进行自检。

1）扫描基线调节

将示波器的显示方式开关置于"单踪"显示(Y1 或 Y2),输入耦合方式开关置 GND,触发方式开关置于"自动"。开启电源开关后,调节"辉度"、"聚焦"、"辅助聚焦"等旋钮,使荧光屏上显示一条细而且亮度适中的扫描基线。然后调节"X 轴位移"$\left(\begin{smallmatrix} \rightarrow \\ \leftarrow \end{smallmatrix}\right)$和"Y 轴位移"($\uparrow \downarrow$)旋钮,使扫描线位于屏幕中央,并且能上下左右移动自如。

2）测试"校正信号"波形的幅度、频率

将示波器的"校正信号"通过专用电缆线引入选定的 Y 通道(Y1 或 Y2),将 Y 轴输入耦合方式开关置于"AC"或"DC",触发源选择开关置"内",内触发源选择开关置"Y1"或"Y2"。调节 X 轴"扫描速率"开关(t/div)和 Y 轴"输入灵敏度"开关(v/div),使示波器显示屏上显示出一个或数个周期稳定的方波波形。

(1) 校准"校正信号"幅度

将"Y 轴灵敏度微调"旋钮置"校准"位置,"Y 轴灵敏度"开关置适当位置,读取校正信号幅度。

(2) 校准"校正信号"频率

将"扫速微调"旋钮置"校准"位置,"扫速"开关置适当位置,读取校正信号周期。

(3) 测量"校正信号"的上升时间和下降时间

调节"Y 轴灵敏度"开关及微调旋钮,并移动波形,使方波波形在垂直方向上正好占据中心轴上,且上、下对称,便于观察。通过扫速开关逐级提高扫描速度,使波形在 X 轴方向扩展(必要时可以利用"扫速扩展"开关将波形再扩展 10 倍),并同时调节触发电平旋钮,从显示屏上清楚的读出上升时间和下降时间。

3）用示波器和交流毫伏表测量信号参数

调节函数信号发生器有关旋钮,使输出频率分别为 100Hz、1kHz、10kHz、100kHz,有效值均为 1V(交流毫伏表测量值)的正弦波信号。改变示波器"扫速"开关及"Y 轴灵敏度"开关等位置,测量信号源输出电压的频率及峰-峰值。

5.2　声光双控节电灯装调实训

1. 实训目的

(1) 了解声光双控节电灯的电路结构和工作原理。

(2) 熟悉光敏三极管、555 时基电路、双向晶闸管在电路中的具体应用。

(3) 通过对声光双控节电灯的组装、调试、检测,掌握电子电路的装配技巧。

2. 实训器材

(1) 数字万用表　　　　　　　　1 块

（2）普通台灯 220V/15W　1 套

（3）装配及焊接工具　　　 1 套

（4）元器件清单见表 5-1。

表 5-1　声光双控节电灯元器件表列

名称	代号	规格型号	数量	名称	代号	规格型号	数量
三极管	VT_1,VT_2,VT_3	9013	3	可调电位器	R_{P2}	1kΩ	1
光敏三极管	VT_4	3DU5	1	涤纶电容	C_1	0.47μF	1
二极管	VD_1	1N4002	1	涤纶电容	C_5	0.02μF	1
金属膜电阻	R_1	1MΩ,1/4W	1	涤纶电容	C_7	0.1μF	1
金属膜电阻	R_2	6.8kΩ,1/4W	1	电解电容	C_2,C_6	100μF,100V	2
金属膜电阻	R_3	3.3kΩ,1/4W	1	电解电容	C_3,C_4	0.47μF,16V	2
金属膜电阻	R_4	1kΩ,1/4W	1	555 时基电路	555	NE555	1
金属膜电阻	R_5	100Ω,1/4W	1	双向晶闸管	VTH	BCR1AM	1
金属膜电阻	R_6	220Ω,1/4W	1	稳压二极管	VD_2	2CW56	1
金属膜电阻	R_7,R_9	22kΩ,1/4W	2	压电陶瓷片	HTD	1KC	1
金属膜电阻	R_8	330Ω,1/4W	1	印制线路板	PCB		1
可调电位器	R_{P1}	220kΩ	1				

3．工作原理

利用 555 时基电路及少量外围元件可组成声光双控节电灯。白天由于光线照射,该灯始终处于关闭状态,一到晚上,该灯只要收到一个猝发声响(如脚步、击掌声),灯就自动点亮,而后延时一段时间又会自行熄灭,达到节电的目的。该电路具有结构简单、自耗电小、性能稳定、灵敏度高等特点。

图 5-2 为声光双控节电灯电路原理图,压电陶瓷片对猝发声响有极为敏感的特性,本电路用其作为声-电换能元件。该电路由电源部分、声电转换及放大部分、单稳态延时部分和光控部分组成。C_1、R_1、VD_1、VD_2 及 C_2 组成电源电路,交流市电经 C_1 电容降压,VD_1 整流,VD_2 稳压后,再由 C_2 滤波后供给整个电路工作。电路采用电容降压,与使用变压器相

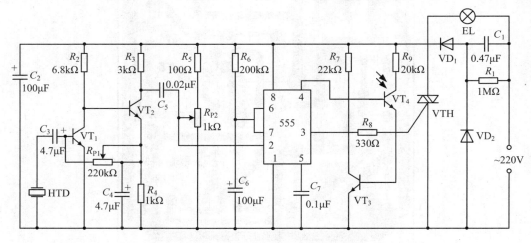

图 5-2　声光双控节电灯电路原理图

比,不但缩小了体积,杜绝了噪声,而且也减小了电路能耗。声控元件采用压电陶瓷片HTD,它将声响信号转换为相应的电信号后,通过 C_3 耦合至 VT_1、VT_2 组成的直接耦合式双管放大器进行放大。该放大器由 R_2、R_{P1} 提供偏流,调节 R_{P1} 可改变放大器的增益,用以控制声控灵敏度。R_4 为直流负反馈电阻,用来稳定工作点,C_4 为交流旁路电容,用以补偿放大器的交流增益,R_3 为放大器的输出直流负载电阻,放大后的负脉冲信号经 C_5 去触发由555 集成块组成的单稳态延时电路,达到控制负载的目的。

单稳延时部分用一块 555 时基电路以及 R_6 与 C_6 组成延时回路,延时时间 $\tau = 1.1R_6C_6$。稳态时,555 集成块引脚 3 输出端为低电平,当其引脚 2 触发端得到一个负脉冲触发信号时,电路即进入暂态,输出端引脚 3 立刻翻转为高电平,触发双向晶闸管 VTH 导通,灯泡 EL 发光。此后,电源经 R_6 向 C_6 充电,当 C_6 端电位升至约 $2V_{CC}/3$ 时,电路又自动回复到初始稳定状态,引脚 3 恢复低电平,晶闸管因失去触发电压而关断,灯泡熄灭,控制电路暂态结束,进入稳态,等待下一次触发脉冲。图中 R_5 和 R_{P2} 组成分压电路,为集成块的触发端提供一个阈值电平,调节 R_{P2},使触发端引脚 2 的电压略大于 $V_{CC}/3$,迫使引脚 3 输出低电平,引脚 2 一旦出现负脉冲信号,单稳态电路即动作,适当调节 R_{P2},也可改变控制灵敏度。

白天由于光照度较强,VT_4 的 b-c 极间呈现低阻状态,为 VT_3 提供了一个较大的偏置电流,使其饱和导通。此时,VT_3 的集电极即 555 的强制复位端引脚 4 被强制为低电平,555 处于复位状态,使其输出端引脚 3 恒为低电平。双向晶闸管无触发电流而关断,灯泡 EL 不亮。因此,白天不管声控信号如何增强,555 的引脚 3 始终为低电平。VTH 关断,达到白天停止照明的目的。晚间由于光线明显减弱,VT_4 因无光照而使 e-c 极间呈高阻状态,使 VT_3 截止,555 强制复位端引脚 4 为高电平,555 退出复位状态,电路可受控制。改变 R_9 的值,可以控制光控灵敏度。

4. 实训步骤

声光双控节电灯 PCB 板装配图如图 5-3 所示,按图正确安装元器件。

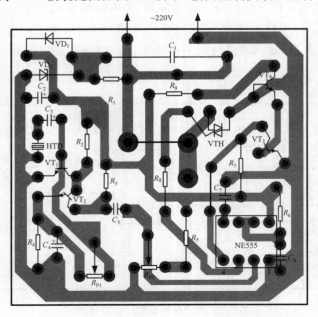

图 5-3　声光双控节电灯 PCB 板装配图

焊接时基电路 555 时,宜将电烙铁的插头拔掉,利用余热焊接。焊装完毕,确认无误即可通电调试。

由于本电路通电后带变电电压,因此调试时要十分小心,以防触电。通电后,测得 C_2 两端的直流电压应有 8~10V,这表明电源部分工作正常,方可进行其他部分的调试。

(1) 调试单稳延时部分。断开 VT_4 和电容 C_5,使光控和声控部分脱开,接着将 R_{P2} 大约旋至中间位置,使 555 时基电路触发端大约处在 $V_{CC}/2$ 左右,并将一个 $10k\Omega$ 左右的电阻并联在 R_6 两端,以缩短延时时间。电源接通时,由于控制端引脚 6、7 初始通电时为低电平,输出端引脚 3 应为高电平,晶闸管导通,灯泡 EL 亮;约数秒钟后,灯泡 EL 自灭,表示延时部分工作正常。然后,手握镊子或螺钉旋具小心碰触 555 的引脚 2,EL 应立即发光,而后延时熄灭,适当调节 R_{P2},直到动作正常为止。一般,只要使 555 集成块的第 2 脚电压大于 $V_{CC}/3$ 即可正常工作。

(2) 调试声控放大部分。接上 C_5、R_{P1} 调到中间位置,通电后先用一器具轻轻敲击陶瓷片,灯泡应发光,然后延时自灭。接着击掌,灯泡应亮一次、延时自灭,再拉开距离调试,细心调节 R_{P1}、R_{P2},直到满意为止,调节上述两电位器,灵敏度最高时,其控制距离可达 8m,为了保险起见,灵敏度调在 5m 位置最合理。

(3) 调节光控部分。接上 VT_4,使受光面受到光照,接通电源,测量 VT_3 的集电极电压应接近 0,这时,不管如何击掌或敲击压电陶瓷片,EL 不发光为正常。然后挡住光线,使光电管不受光照,击一下掌,灯泡即亮,后延时自灭,表示光控部分正常,适当选择 R_9,可改变光控灵敏度,这可根据所处环境而定。

(4) 调试完毕,将 R_6 上的并联电阻去掉,可根据需要适当调整 R_6,以获得所需延迟时间;最后用环氧树脂封固,防止振动改变参数。

5.3　镍镉电池自动充电器装调实训

1. 实训目的

(1) 了解镍镉电池自动充电器的工作原理、结构和基本性能。

(2) 通过实训,进一步熟悉电子产品的装配、调试、检测方法。

2. 实训器材

(1) 数字万用表　　　　　1 块

(2) 焊接工具及材料　　　1 套

(3) 常用电工工具　　　　1 套

(4) 元器件清单见表 5-2。

表 5-2　镍镉电池自动充电器元器件列表

名称	代号	规格型号	数量	名称	代号	规格型号	数量
电源变压器	Tr	220V/6~10V	1	金属膜电阻	R_7,R_{12}	$20k\Omega$,1/4W	2
整流二极管	$D_1 \sim D_4$	2CE82	4	金属膜电阻	R_{13}	$27k\Omega$,1/4W	1
稳压二极管	D_5	2CW11	1	金属膜电阻	R_{14}	$1.1k\Omega$,1/4W	1
稳压二极管	D_6	2CW9	1	金属膜电阻	R_{15}	$6.2k\Omega$,1/4W	1

续表

名称	代号	规格型号	数量	名称	代号	规格型号	数量
直流继电器	J	JRX-13	1	金属膜电阻	R_{16}	$4.7\text{k}\Omega,1/4\text{W}$	1
三极管	VT_1	3CG15	1	金属膜电阻	R_{17}	$20\text{k}\Omega,1/4\text{W}$	1
三极管	VT_2	3AX83	1	金属膜电阻	R_{18}	$680\Omega,1/4\text{W}$	1
三极管	VT_3	3DK4	1	可调电位器	W_1	$1.5\text{k}\Omega$	1
三极管	VT_4,VT_5	3DG8	2	可调电位器	W_2	$110\text{k}\Omega$	1
金属膜电阻	R_1	$310\Omega,1/4\text{W}$	1	电解电容	C	$1000\mu\text{F}/16\text{V}$	1
金属膜电阻	R_2	$1\text{k}\Omega,1/4\text{W}$	1	电流指示器	M	6411	1
金属膜电阻	R_3,R_8	$27\text{k}\Omega,1/4\text{W}$	2	按钮	K	单联 10A	1
金属膜电阻	R_4,R_9	$1.1\text{k}\Omega,1/4\text{W}$	2	电源插头	CZ	单相～220V	1
金属膜电阻	R_5,R_{10}	$6.2\text{k}\Omega,1/4\text{W}$	2	印制线路板		PCB	1
金属膜电阻	R_6,R_{11}	$4.7\text{k}\Omega,1/4\text{W}$	·2				

3. 工作原理

由于电池的内阻与内部储藏的电荷量有关,随着充电时间的增长,电池内部电荷量增多,电池的内阻会迅速地减小。因此,用恒压源充电,充电电流会随内阻减小而增大,这将引起所谓"过电流"充电,而损坏电池。所以需要用恒流源来充电。电流充电到达满容量后,再充电就会形成"过量"充电。大电流的过量充电反而会使已经充满的容量减少。这是因为本来转变成化学能的电能转变成热能而产生的热量会损坏电池内部的电解液和电极,造成寿命下降;防止过量充电,可以用电路来控制,使它自动断电。

自动充电器电路具有用恒定电流充电和充电满容量后自动断电两种功能,达到保护电池和节能的目的。

镍镉充电电池自动充电器电路如图 5-4 所示。由电源变压器 Tr、桥式全波整流器 $D_1 \sim D_4$ 和滤波电容器 C 构成了降压、整流和滤波电路;由稳压管 D_5,晶体管 VT_1、VT_2,电阻器 $R_1 \sim R_7$ 和电位器 W_1 构成恒流源电路;由 $R_8 \sim R_{12}$ 与电流表构成电流指示电路;由晶体管

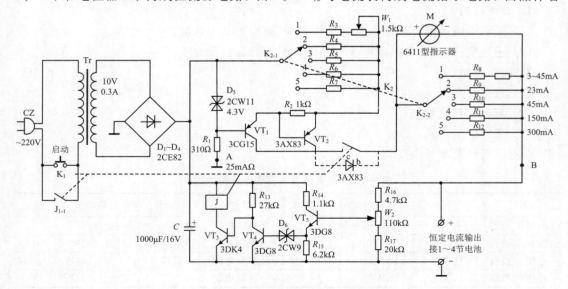

图 5-4 自动充电器电路原理图

VT_3、VT_4、VT_5，稳压管 D_6，电阻器 $R_{13} \sim R_{17}$ 和电位器 W_2 及继电器 J（包括接点 J_{1-2}、J_{1-1}）构成了过压控制电路。

过压控制电路工作过程如下：当按下启动键 K_1 后，若电池电压低于满容量电压（镍镉电池满容量电压为每节 1.45V 左右，普通锰锌电池每节 1.65V 左右），D_6 不导通，则 VT_4 截止，而 VT_3 导通。于是继电器 J 吸合，J_{1-1} 接通。当 K_1 断开时，J_1 能自锁，电源仍然接通；J_{1-2} 同时接通，恒流源输出使电池充电。待充至满容量电压值时，VT_5 输出电位大于 D_6 稳压值，D_6 导通使 VT_4 导通而使 VT_3 截止，继电器释放，J_{1-1} 断开，切断交流市电。调节电位器 W_2，可改变使继电器动作的外加电压值，从而能调节满容量电压的数值。调节 W_1，能使恒流源输出电流在 $3 \sim 45mA$ 之间变化，以供各种扣式银锌电池充电。

4. 实训步骤

1）元器件的选择

电源变压器 Tr 可采用自制的小型电源变压器来代替，次级电压 $6 \sim 10V$ 均可。自制数据如下：铁芯 E 为 $10mm \times 24mm$ 高硅钢片，按每伏 20 匝计算；初级 220V 用 $\phi 0.06mm$ 高强度漆包线，层层密绕 4400 匝（层间不要垫纸，否则绕不下）；次级 10V 用 $\phi 0.47mm$ 高强度漆包线密绕 200 匝。初次级间垫两层牛皮纸。最后在 2∶1 的石蜡和松香溶液中浸煮一小时即可。

继电器可选用具有两组常开节点的任何高灵敏度继电器。如 RX-13F、JAG-4-2H 等。如果手头只有一组节点的继电器，那么 J_{1-2} 节点可用一只 3AX83 的 b、c 结代替。

电流指示器 M 用小型电流表头（$500\mu A$，455Ω）。

晶体管 VT_1 可用任何 3CG 管，要求 $\beta > 100$，I_{CEO} 越小越好。T_2 用锗中功率管，如 3AX63，要求 $\beta \geqslant 20$，T_3 选用 3DK4、3DG12 均可，$\beta \geqslant 50$，T_4、T_5 选用 3DG6、3DG8 等，要求 $\beta > 150$。要求所有晶体管的耐压 BV_{CEO} 大于 20V。

2）电路安装

元器件布置和安装参照图 5-5。

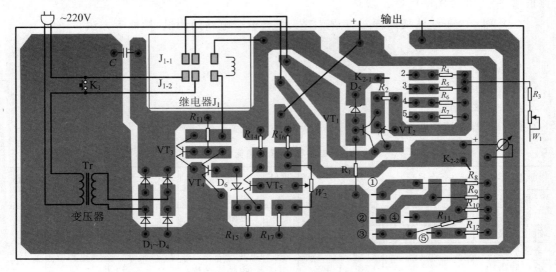

图 5-5　自动充电器电路元器件安装图

3) 电路的调试

(1) 调节 R_1，使 D_5（2CW11）工作在稳压特性平坦的部分，即图 5-4 中 A 点电流 $\geqslant$ 25mA。如果变压器次级电压只有 6V，为了能对四节电池充电，D_5 必须改用 2CW9（稳压值 1V）。

(2) 断开图 5-4 中 B 点，按下 K_1，使继电器吸合，在输出端接上 0～7V 可变的稳压电源，调整稳压电源输出电压，使其分别在 1.45V（对于镍镉蓄电池）或 1.65V（对于普通锰锌电池）、2.9V 或 3.3V、4.35V 或 4.95V、5.8V 或 6.6V 时分别调节 W_2，能使继电器 J_1 动作（接点断开），此时，在 W_2 度盘上按上述对应点可分别刻上"一节"、"二节"、"三节"和"四节"电池。

如要一次对四节以上的更多电池充电，可适当提高电源变压器的次级电压，也要相应提高晶体管的耐压。若 D_5 不变，则其他元件值也可以不变。

4) 充电注意事项

镍镉电池开始充电时，其端电压会很快升至某一值（1.25～1.30V），到达此值后，则上升的速率将会变得越来越慢，直至满容量电压值。如果再充电，电压升得过高，将产生过热，对电池不利。图 5-4 的电路有过电压控制电路会自动切断充电，能避免这种现象。

图 5-4 所示电路输出端允许短路，不会损坏内部电路。但应避免电池极性接反充电，这会损坏电池。电池串联使用应避免过放电，因为对于某只先放完电量的电池来说，相当于其他电池对它反充电，这样也会损坏电池。

5.4　直流稳压电源装调实训

1. 实训目的

(1) 通过串联型稳压电源的制作，进一步掌握直流稳压电源的工作原理。

(2) 熟悉印制线路板的 CAD 制作过程，了解 Altium Designer 软件的使用方法，学会电路原理图和 PCB 图的绘制。

(3) 熟悉电子线路板的插装、焊接工艺，学会电子电路的测试、检修等方法。

2. 实训器材

(1) 数字万用表　　　　1 块

(2) 常用电工工具　　　1 套

(3) 焊接工具　　　　　1 套

(4) 元器件清单见表 5-3。

表 5-3　串联型稳压电源元器件表列

名称	代号	规格型号	数量	名称	代号	规格型号	数量
三极管	VT_1,VT_2,VT_3	9013	3	电解电容	C_1,C_3	100μF,16V	2
二极管	$VD_1 \sim VD_4$	1N4007	4	电解电容	C_2	470μF,16V	1
钳位二极管	VD_5,VD_6	1N4007	2	电源变压器	T	220V/9V,5VA	1
金属膜电阻	R_1	2.2kΩ,1/4W	1	熔断丝	FU	0.5A	1
金属膜电阻	R_2	680Ω,1/4W	1	印制线路板		PCB	1
可调电位器	R_P	1kΩ	1				

3. 工作原理

串联型稳压电源稳压精度高,内阻小。本例输出电压在 3～6V 范围内随意调节,输出电流为 100mA,可供一般实验线路使用。电路原理图如图 5-6 所示。

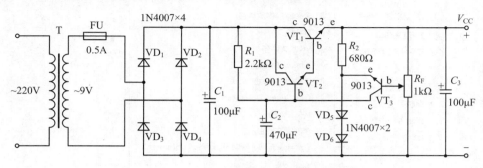

图 5-6 串联型稳压电源电路原理图

变压器 T 次级的低压交流电,经整流二极管 VD_1～VD_4 整流,电容器 C_1 滤波,获得直流电,送到稳压部分。稳压部分由复合调整管 VT_1、VT_2,比较放大管 VT_3,起稳压作用的硅二极管 VD_5、VD_6 和取样微调电位器 R_P 等组成。晶体三极管集电极、发射极之间的电压降简称管压降。复合调整管上的管压降是可变的,当输出电压有减小的趋势时,管压降会自动地变小,维持输出电压不变;当输出电压有增大的趋势,压降又会自动地变大,仍维持输出电压不变。可见,复合调整管相当于一个可变电阻,由于它的调整作用,使输出电压基本上保持不变。复合调整管的调整作用是受比较放大管控制的,输出电压经过微调电位器 R_P 分压,输出电压的一部分加到 VT_3 的基极和地之间。由于 VT_3 的发射极对地电压是通过二极管 VD_5、VD_6 稳定的,可以认为 VT_3 的发射极对地电压是不变的,这个电压叫做基准电压。这样 VT_3 基极电压的变化就反映了输出电压的变化。如果输出电压有减小趋势,VT_3 基极发射极之间的电压也要减小,这就使 VT_3 的集电极电流减小,集电极电压增大。由于 VT_3 的集电极和 VT_2 的基极是直接耦合的,VT_3 集电极电压增大,即 VT_2 的基极电压增大,这就使复合调整管加强导通,管压降减小,维持输出电压不变。同样,如果输出电压有增大的趋势,则通过 VT_3 的作用又使复合调整管的管压降增大,维持输出电压不变。

VD_5、VD_6 是利用它们在正向导通时正向压降基本上不随电流变化的特性来稳压的,硅管的正向压降约为 0.7V 左右。两只硅二极管串联可以得到约为 1.4V 的稳定电压。R_2 是提供 VD_5、VD_6 正向电流的限流电阻。R_1 是 VT_3 的集电极负载电阻,又是复合调整管基极的偏流电阻。C_2 是考虑到在市电电压降低时,为了减小输出电压的交流成分而设置的,C_3 的作用是降低稳压电源的交流内阻和纹波。

4. 实训步骤

1) 印制电路板的 CAD 制作

下面通过 Altium Designer 软件,来说明绘制电路原理图和 PCB 图的过程。

(1) 工程的建立

打开 Altium Designer 软件,在菜单栏中选择"文件"→"新建"→"工程"→"PCB 工程"命令,如图 5-7 所示。然后将新建 PCB 工程保存并命名。再在工程中添加原理图文件和

PCB 图文件，见图 5-8。

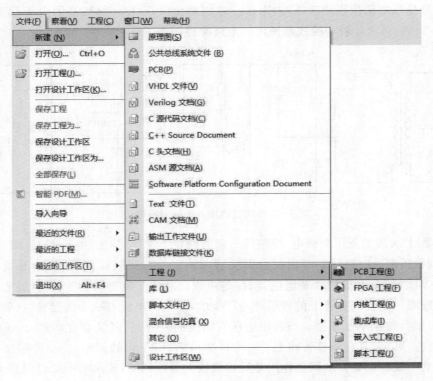

图 5-7　新建 PCB 工程图

图 5-8　添加原理图文件和 PCB 图文件

（2）原理图的绘制

在绘制原理图前，先将元件库文件添加到软件的库中，如图 5-9 所示。

常用元器件的集成文件是 Library 目录下的 Miscellaneous Devices. IntLib 文件，将此文件添加到软件的元件库中，就可以调用各种常用元器件了，如图 5-10 所示。

接下来从元件库中将各个元器件放置到原理图中，并在菜单栏中选择"放置"→"线"命

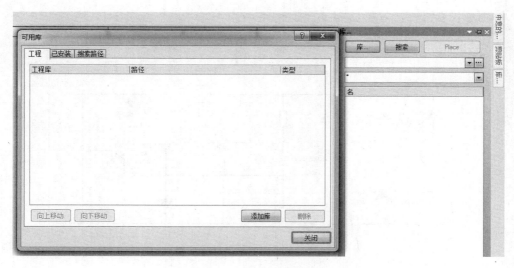

图 5-9　添加元器件库

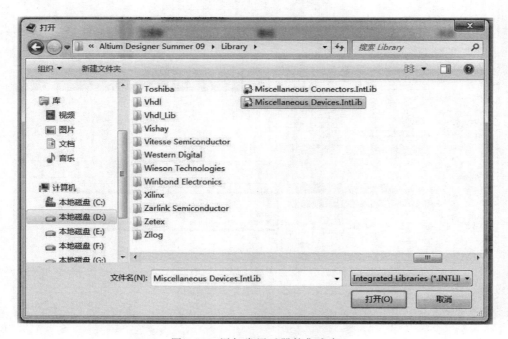

图 5-10　添加常用元器件集成库

令将各元器件连接好,如图 5-11 所示。

　　然后双击元器件,在弹出的"元件属性"对话框(如图 5-12 所示)中对每个元器件的标识、注释、名称、值、引脚 PIN 的属性等进行编辑,从而完善原理图。

　　最后选择"设计"菜单中的"Update PCB Document 稳压电源.pcbdoc"命令对绘制好的原理图进行错误检查,同时会产生 PCB 图。

　　(3) PCB 图的绘制

　　先对 PCB 板的尺寸进行重新定义,根据所需大小进行更改。在 PCB 图中选择"设计"→

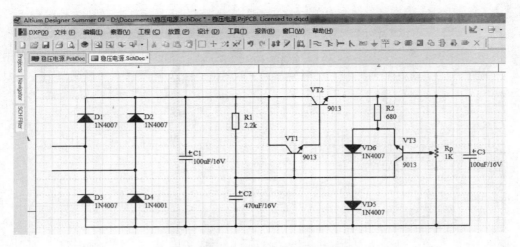

图 5-11　放置元器件并连接导线

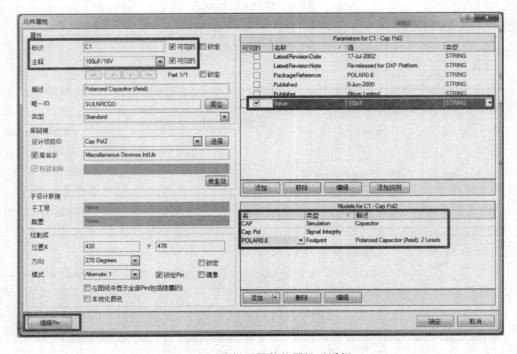

图 5-12　编辑元器件的属性对话框

"板子形状"→"重新定义板子外形"命令,如图 5-13 所示。

　　然后导入原理图元件,导入的元件在 PCB 中变成了 PCB 元件。将各个元件放置在定义好的板子内,如图 5-14 所示。

　　图 5-14 中的细线是元件间的电气连接,在布置导线时必须按照此线的连接方式来布置导线。在布线前对导线进行设置,选择"设计"→"规则"命令,在弹出的窗口中找到 Routing,然后对导线各项指标进行设置,如图 5-15 所示。

　　接下来是布线。布线在软件中有两种方式:自动布线和手动布线。自动布线选择图 5-14

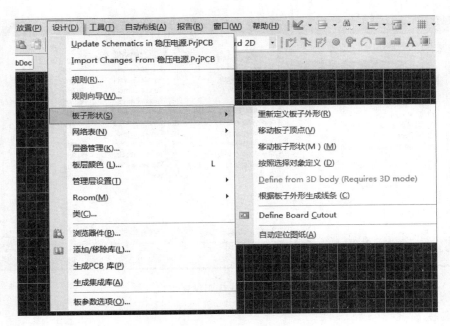

图 5-13　PCB 板定义

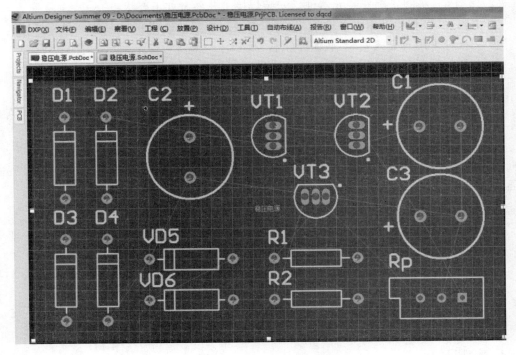

图 5-14　放置 PCB 元件图

中的"自动布线"→"全部"命令,软件会自动将所有的导线布好。对于复杂的电路自动布线是不能完全达到要求的,所以必须手动布线。手动布线选择"放置"→interactive routing 命令,然后对相应的元件进行布线。

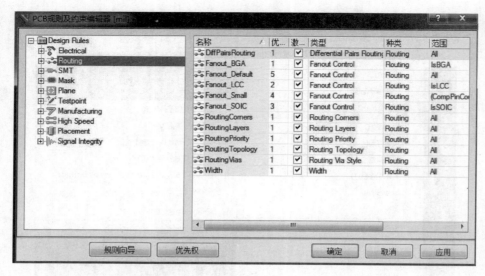

图 5-15　布线规则设置窗口

2) 安装

(1) 用万用表检测所有元器件,并对元器件引脚做好镀锡、成型等准备工作。

(2) 按 PCB 板图正确安装元器件。安装焊接工艺参考如下要求:

① 电阻、二极管均采用水平安装,贴紧印制板。电阻的色环方向应该一致。

② 三极管采用直立式安装,底面离印制板(5 ± 1) mm。

③ 电解电容器尽量插到底,元件底面离印制板最高不能大于 4mm。

④ 微调电位器尽量插到底,不能倾斜,三只引脚均需焊接。

⑤ 外接电源变压器一次侧接 220V 电源,二次侧 9V 输出电源焊在印制板上。变压器的一、二次侧引出线(初、次级)都需用绝缘胶布包妥,绝不允许露出线头。

⑥ 插件装配美观、均匀、端正、整齐、不能歪斜,要高矮有序。

⑦ 所有插入焊片孔的元器件引线及导线均采用直脚焊,剪脚留头在焊面以上(1 ± 0.5)mm,焊点要求圆滑、光亮,防止虚焊、搭焊和散锡。

3) 调试与检测

(1) 用万用表交流电压挡测量并记录电源变压器初、次级电压。

(2) 用万用表直流电压挡测量并记录电解电容器 C_1 两端的电压值。

(3) 用螺丝刀调节电位器 R_P,使输出电压在 3~9V 之间变化。

5.5　数字万用表装调实训

1. 实训目的

(1) 能看懂数字万用表的原理框图、电气原理图及装配图。

(2) 熟悉数字万用表的装配工艺流程。独立完成一台数字万用表的安装、调试。

(3) 运用电路知识,分析、排除调试过程中所遇到的问题。根据数字万用表的技术指标测试数字万用表的主要参数及波形。

2．实训器材

（1）DT830B 数字万用表套件　　　1 套
（2）直流稳压电源　　　　　　　　1 台
（3）4½数字万用表　　　　　　　　1 台
（4）示波器　　　　　　　　　　　1 台
（5）焊接工具　　　　　　　　　　1 套
（6）元器件清单见表 5-4。

表 5-4　DT830B 数字万用表元器件列表

名称	代号	型号规格	数量	名称	代号	型号规格	数量
线路板			1	电阻 1%	R_{20}	1.5kΩ	1
二极管	D_1	1N4007	1	电阻 1%	R_{01}	100kΩ	1
电位器	VR_1	200Ω	1	电阻 1%	R_{02},R_{22},R_{23}	220kΩ	3
金属化电容	C_2,C_3,C_4,C_5	100nF	4	康铜丝	R_{08}	0.62Ω	1
电解电容	C_6	1μF	1	集成电路	IC_1	7106	1
瓷片电容	C_1	100pF	1	保险丝	FUSE	0.5A	1
金属膜电阻	R_{09}	0.99Ω	1	输入插座		54×8×1	3
金属膜电阻	R_{10}	9Ω	1	保险丝架		R 型	2
金属膜电阻	R_{11}	100Ω	1	电源线		6.5cm	2
金属膜电阻	R_{12}	900Ω	1	导电橡胶			2
金属膜电阻	R_{13}	9kΩ	1	晶体管插座		短圆形	1
金属膜电阻	R_{14}	90kΩ	1	液晶 LCD		853	1
金属膜电阻	R_{15}	352kΩ	1	自攻螺丝		2×6	3
金属膜电阻	R_{16}	548kΩ	1	自攻螺丝		2.5×8	1
电阻 1%	R_{04}	300kΩ	1	外壳			1
电阻 1%	R_{17},R_{18},R_{19}	470kΩ	3	钢珠		φ3	2
电阻 1%	R_{03}	1MΩ	1	齿轮弹簧			2
电阻 1%	R_{24}	1		接触片"V"		A59	6
电阻 1%	R_{21}	910kΩ	1	功能板			1
电阻 1%	R_{07}	9kΩ	1	测试表笔			1
电阻 1%	R_{06}	20kΩ	1	层叠电池		9V	1

3．工作原理

数字万用表原理框图如图 5-16 所示,由功能/量程选择、参数转换电路、ICL7106 集成电路及液晶显示器四大部分组成。

1）功能/量程选择

功能/量程选择由手动转换开关实现。

2）测量参数转换电路

通常被测量参数除直流电压无须转换外,其他被测量都须经过转换电路转换成相应的

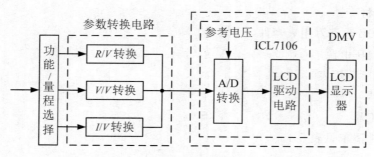

图 5-16　数字万用表原理框图

直流电压,然后送入 ICL7106,最后得到显示结果。

数字万用表的各类转换电路一般由一些无源的分压或分流电阻网络构成,而交直流转换电路由有源器件(二极管)等实现,数字表的功能和量程选择由转换开关实现。

3）ICL7106 集成电路

ICL7106 是把双积分式 A/D 转换、七段译码、LCD 显示驱动、基准源和时钟等电路都集成在同一块芯片上的 CMOS 集成电路,它有 40 个引脚,采用双列直插式封装,在袖珍式数字万用表 DT830B 中用电路板一体化封装的芯片,特点是体积小,成本低廉。

（1）双积分式 A/D 转换器的工作原理

由图 5-16 可知,A/D 转换器是数字万用表的关键电路,从根本上决定了数字万用表的整体性能。A/D 转换器的基本工作原理是把一个数量上连续变化的模拟量转换为一个数量上离散变化的数字量。数字万用表中通常采用双积分式的 A/D 转换器,它把输入模拟电压与参考电压作比较,通过两次积分过程转换为两个时间间隔的比较,由此将模拟电压转换为与其平均值成正比的时间间隔,然后用时钟脉冲计数器测量这一时间间隔,所得的计数值即为 A/D 转换结果。

A/D 转换器原理如图 5-17 所示,它在一个测量周期内的工作过程可分为两个阶段来描述。

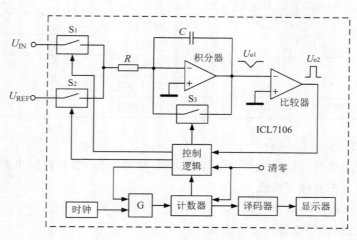

图 5-17　A/D 转换器工作原理图

第一阶段 T_1：测试开始，计数器清零，电容 C 放电，控制逻辑使 S_2、S_3 断开，S_1 接通，积分器对被测电压 U_{IN} 进行反向积分(也叫采样)，采样期间积分输出 U_{o1} 向负线性增加，经过零比较器后通过控制逻辑打开门 G，计数器开始对时钟脉冲计数，当计数到最高位为 1 时，溢出脉冲通过控制逻辑使 S_1 断开，S_2 接通，采样结束，计数器置零。设采样过程时间为 T_1，则积分输出：

$$U_{o1} = -U_{IN} \cdot T_1/RC$$

第二阶段 T_2：S_2 导通后接通基准电压 U_{REF} 后，积分器开始第二次积分，U_{o1} 开始负线性减少，计数器也重新计数。当 U_{o1} 下降到零时，控制逻辑使 S_2 断开，S_3 接通，积分停止，同时关闭门 G，计数停止，一个测量周期结束。设反向积分过程时间为 T_2，则

$$U_{o1} = -U_{REF} \cdot T_2/RC$$

由上两式可得

$$U_{o1} = U_{REF} \cdot T_2/T_1$$

转换波形如图 5-18 所示。设时钟脉冲周期为 T，则 $T_1 = N_1 T$，$T_2 = N_2 T$，N_1、N_2 分别是正反向积分期间计数的时钟脉冲个数，所以可以得出：

$$U_{IN} = U_{REF}(N_2/N_1)$$

或

$$U_{IN}/U_{REF} = N_2/N_1$$

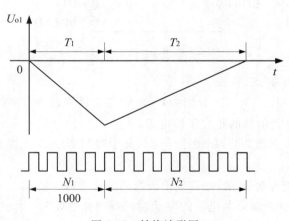

图 5-18　转换波形图

对于 3½ 位 A/D 转换器，采样期间计数到 1000 个脉冲时计数器有溢出，故 $N_1 = 1000$ 是个定值，若规定 $U_{REF} = 100.0\text{mV}$，则有

$$U_{IN} = 0.1N_2$$

对于 3½ 位 A/D 转换器，如果 $V_{REF} = 100.0\text{mV}$，则最大显示为 199.9mV，这时 3½ 位 A/D 转换器就构成基本量程为 0.2V 的直流数字电压表。

许多普及型数字万用表就是用这种基本量程为 0.2V 的直流数字电压表作表头扩展而成的。要测量较高的直流电压，可采用分压器将被测电压降到 0.2V 以下。若要测量交流电压、交直流电流及电阻，只要采用相应的转换器转换成直流电压即可。

(2) ICL 引脚功能

ICL7106 引脚排列如图 5-19 所示，引脚功能如下：

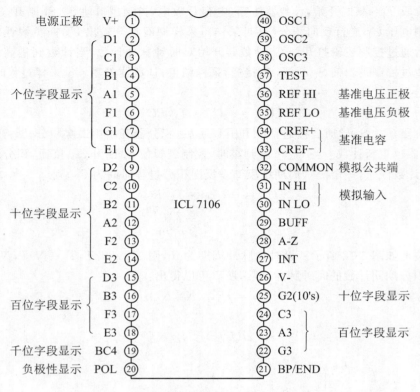

图 5-19　ICL 7106 引脚排列

> V＋、V－：电压的正、负极。

> A1～G1、A2～G2、A3～G3 分别为个位、十位和百位数码的字段驱动信号端,这些信号分别接 LCD 显示器的相应字段电极。

> BC4：千位字段驱动信号端,由于千位只显示"1",所以 BC4 接显示器千位上与"1"对应的 b、c 字段。

> POL：负极性指示输出端,此位接千位数码的 g 字段。

> BP/GND：LCD 背面公共电极的驱动端,简称"背电极"。

> INT：积分器输出端,此端接积分电容 C_{INT}。

> BUFF：积分器和比较器的反相输入端,此端接积分电阻 R_{INT}。

> A-Z：积分器和比较器的反相输入端,此端接自动调零电容 C_{AZ}。

> IN HI、IN LO：模拟量输入端。

> COMMON：模拟信号公共端,一般与基准电压的负端相连。

> CREF＋、CREF－：外接基准电容 C_{REF} 的两端子。

> REF HI、REF LO：基准电压正负端。

> TEST：测试端,该端经内部 500Ω 电阻接数字电路的公共端(GND),因二者呈等电位,故亦称做数字地。该端有两个功能：①作测试指示,将它接 V＋时,LCD 显示全部笔段 1888,可检查显示器有无笔段残缺现象；②为数字地供外部驱动器使用,来构成小数点及标志符的显示电路。

➤ OSC1～OSC3：时钟振荡器引出端,外接阻容元件可构成两级反相式阻容振荡器。

需要说明,ICL7106 的数字地(GND)并未引出,但可将测试端(TEST)视为数字地,该端电位近似等于电源电压的一半。

（3）液晶显示器(LCD)

液晶显示器(LCD)是一种功耗极小的场效应器件,在数字仪表、计算器和数字式电子手表中作为数字和符号的显示器件得到极为广泛的应用。液晶显示器字符的显示方式,按电极的形状或排列可分为段显示和点阵显示两种。数字万用表液晶显示器采用段显示方式(见图 5-20)。液晶显示器电极通过导电橡胶与驱动电路相连。驱动电压分别加至液晶显示器的笔段电极 a～g 与公共负极 BP 之间,利用二者的电位差,便可驱动 LCD 显示数据(参见图 5-21)。液晶显示器的特点如下：

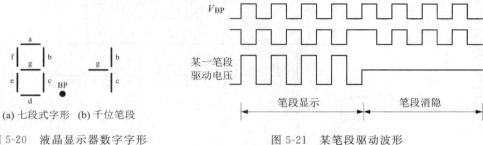

(a) 七段式字形　(b) 千位笔段

图 5-20　液晶显示器数字字形　　　　图 5-21　某笔段驱动波形

➤ 本身不发光,只能反射或透射外界光线,亮暗对比度可达 100:1;

➤ 必须采用交流电压驱动,电压频率为 30～100Hz;

➤ 驱动电压低,通常为 3～6V,驱动电流小(几微安)。

数字万用表 DT830B 的原理图如图 5-22 所示。

4）参数测量电路

（1）直流电压测量电路

DT830B 数字万用表的直流电压测量原理见图 5-23,基准电压由电位器调定为 100mV,因此仪表基本量程为 200mV,其余量程通过分压电阻输入。

以 2V 为例,它的分压系数为 0.1,即输入 1V 电压时,集成电路的实际输入电压 $U_{IN}=$ 1V×0.1=100mV,依此类推,20V、200V、1000V 挡的分压系数分别为 0.01、0.001 和 0.0001,从而通过一系列分压电阻的配置,使仪表能够测量较大的电压。

（2）交流电压测量电路

交流电压测量电路原理见图 5-24,基准电压仍为 100mV,交流电压先通过二极管半波整流转换成直流电压,再经过分压电路分压,最后通过 RC 滤波电路成平滑直流电压。以 200V 挡为例,集成电路实际输入 U_{IN} 电压为：$U_{IN}=0.001U_i$。即当输入测量交流电压为 100V 时,集成电路实际输入电压为 100mV。同理 750V 时分压系数为 0.0001。

（3）直流电流测量电路

DT830B 数字万用表的直流电流测量电路见图 5-25,其测量原理是被测直流电流流过一个标准电阻并产生压降,通过测量电阻两端的电压就可测量电流大小。直流电流测量电路共设五挡：200μA、2mA、20mA、200mA、10A。其中 10A 挡专用一个输入插孔。R_{12}、R_{11} 组成一路分流电阻,R_{08}、R_{09}、R_{10} 组成一路分流电阻。以 2mA 为例,标准电阻为 100Ω,当

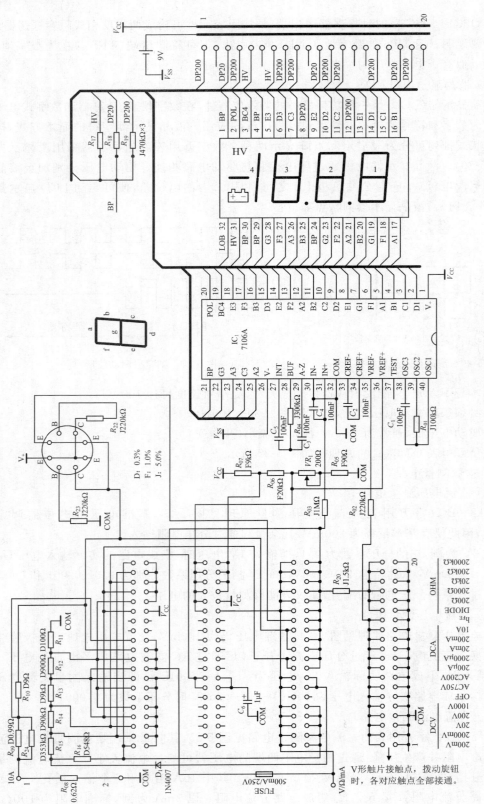

图 5-22 DT830B 数字万用表原理图

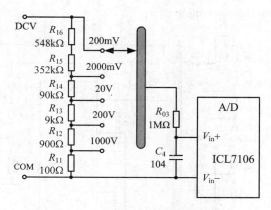

图 5-23　直流电压测量原理图

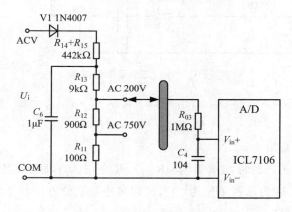

图 5-24　交流电压测量电路

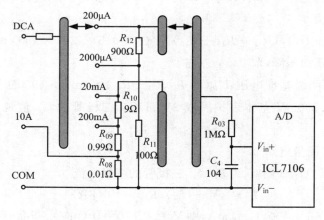

图 5-25　直流电压测量电路

1mA 的电流流过时，产生 100mV 的电压，$U_{IN}=100\text{mV}$，从而反映了电流大小。

（4）电阻测量电路

电阻测量电路采用比例法测量电路。图 5-26 中 $R_{11}\sim R_{16}$ 为电阻挡标准电阻。在 200Ω 挡时，为了提高测量低阻的准确度，需增大测试电流，以便在被测电阻 R_x 上形成较大的压降,因此这挡直接将 V_+ 电压加在标准电阻上。

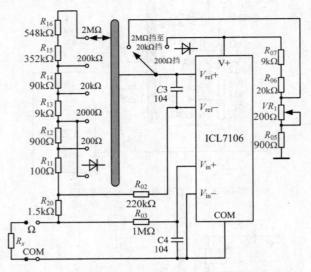

图 5-26 电阻、二极管测量电路

因为 $U_{IN}/U_{REF} = N_2/N_1$,而 $U_{IN}/U_{REF} = (I \cdot R_x)/(I \cdot R_{REF}) = R_x/R_{REF}$,可以推导出

$$R_x/R_{REF} = N_2/N_1$$

式中,R_{REF} 为电阻挡的标准电阻,N_1 为 1000。

以 200Ω 挡为例,该挡的标准电阻为:$R_{REF} = R_{11} = 100\Omega$,显然,当被测电阻 R_x 刚好为 100Ω 时,N_2 为 1000。因为该挡单位为"Ω",所以将小数点定在十位上即可得到 100.0(Ω)。

(5) 二极管测量电路

二极管测量电路见图 5-26。ICL7106 内部＋3V 基准电压源经过 R_{12}、R_{11}、R_{20},向被测二极管提供测试电流

$$I_F = (E_0 - U_F)/(R_{11} + R_{12} + R_{20}) = (3 - 0.5)/(2.5 \times 103) \approx 1(mA)$$

式中,U_F 为二极管正向压降,取 0.5V 左右。

R_{11}、R_{12} 上总压降为基准电压,$U_{REF} = I_F(R_{11} + R_{12}) \approx 1mA \times (900\Omega + 100\Omega) \approx 1V$。因此测二极管挡时将 200mV 基本表扩展成 2V 量程。二极管的 U_F 值视管子而定,一般在 1.8V 以下。

(6) 三极管 h_{FE} 测量电路

三极管 h_{FE} 测量电路如图 5-27 所示。三极管的基极电流

$$I_b = (V - U_{be})/R_{18} \approx 10(\mu A)$$

设某三极管的 $h_{FE} = 100$,$I_c = 1mA$,则 $V_E = 1 \times 10 = 10(mV)$,基准电压取 100mV,则表头显示的数值 $N_2 = 1000 \times V_E/U_{REF} = 1000 \times 10/100 = 100$。

(7) 电源电路

该仪表没有专门设置电源开关,而由量程转换开关代替。当开关拨至"OFF"位置时,切断 9V 电池供电线路。每次使用完毕,必须把转换开关置于"OFF"位置,否则仪表将空耗电池。

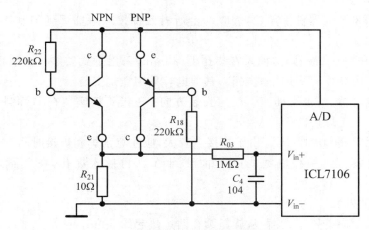

图 5-27　三极管 h_{FE} 测量电路

4. 实训步骤

DT830B 数字万用表由机壳塑料件(包括上、下盖,旋钮)、印制板部件(包括插口)、液晶屏、表笔等组成,组装成功的关键是装配印制板部件,整机安装流程见图 5-28。

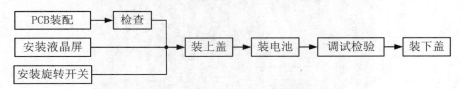

图 5-28　DT830B 安装流程图

1) 印制板安装

数字万用表印刷线路见图 5-29,双面板的 A 面是焊接面,中间环形导线是功能/量程转换开关电路,需小心保护,不得划伤或污染。注意:安装前必须对照元件清单,仔细清理、测试元器件。印制板安装步骤如下:

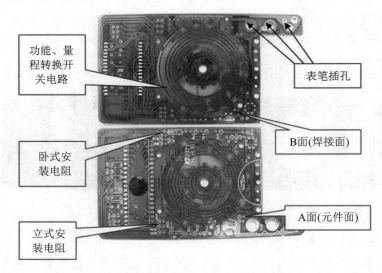

图 5-29　DT80B 型数字万用表的 PCB 板

（1）将 DT830B 元器件清单（见表 5-4）上所有元件按顺序插焊到印制线路板相应位置上（可参照图 5-29）。

安装电阻、电容、二极管时，如果安装孔距＞8mm，采用卧式安装；如果孔距＜5mm，应采用立式安装；电解电容采用卧式安装，其他电容采用立式安装。

（2）安装电位器、三极管插座。注意安装方向：三极管插座装在 B 面且应使定位凸点与外壳对准、在 A 面焊接。

（3）安装保险座和电阻 R_0。由于焊接点较大，应注意预焊和焊接时间。

（4）安装电池线。两根电池线由 B 面穿到 A 面再插入焊孔，在 B 面焊接。红线接"＋"，黑线接"－"。

2）液晶屏的安装

（1）面壳平面向下置于桌面，从旋钮圆孔两边垫起约 5mm。

（2）将液晶屏放入面壳窗口内，白面向上，方向标记在右方；放入液晶屏支架，平面向下；用镊子把导电胶条放入支架两横槽中，注意保持导电胶的清洁，如图 5-30 所示。

图 5-30　液晶屏的安装

3）旋钮的安装

（1）将 V 形簧片装到旋钮上，共六个。注意：簧片易变形，用力要轻。

（2）装完簧片把旋钮翻面，将两个小弹簧蘸少许凡士林放入旋钮两圆孔，再把两小钢珠放在表壳合适的位置上。

（3）将装好弹簧的旋钮按正确方向放入表壳，如图 5-31 所示。

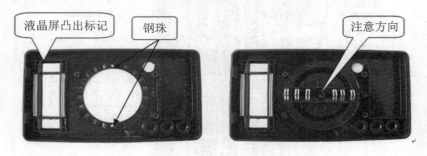

图 5-31　安装旋钮

4）固定印制板

（1）将印制板对准位置装入表壳（注意：安装螺钉之后再装保险管），并用三个螺钉紧固(螺钉紧固位置见图 5-32)。

（2）装上保险管和电池，转动旋钮，液晶屏应正常显示。装好印制板和电池的表体如图 5-32 所示。

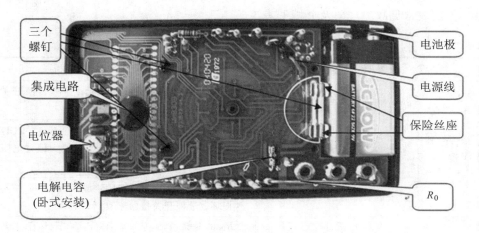

图 5-32　安装完成印制板 A 面

5）调试

数字万用表的功能和性能指标由集成电路和选择外围元器件得到保证，只要安装无误，仅作简单调整即可达到设计指标。

（1）LCD 测试。将 3½ 数字万用表量程转换开关旋钮绕着盘旋转，可以得到表 5-5 所示的读数。"－"符号会出现或不停地闪烁。

表 5-5　数字万用表正常时各量程表头显示值（测量表笔开路）

量程		表头指示	量程		表头指示
DCV	200mV	0	Ω 挡	200Ω	1BB. B
	2000mV	0		2000Ω	1BBB
	20V	0		20kΩ	1B. BB
	200V	0		200kΩ	1BB. B
	1000V	0		2000kΩ	1BBB
DCA	200μA	0	ACV	200V	0
	2000μA	0		750V	0
	20mA	0	h_{FE}		0
	200mA	0	二极管挡		1BBB
	10A	0	"B"表示空白		

（2）基准电压调试。将 3½ 的数字万用表量程开关置交流电压或直流电压任一挡，两表笔开路。用 4½ 数字万用表测 3½ 数字万用表集成电路 35、36 脚之间电压 U_{REF}，调电位器 R_{P1}，使 $U_{REF}=92.4\text{mV}$ 左右。

6）总装

盖上后盖，安装后盖两个螺钉，至此安装、调试全部完毕。

7）常见故障检修方法

数字万用表常见故障现象及分析见表5-6。

表5-6　数字万用表常见故障现象及分析

序号	故 障 现 象		可能原因/故障分析
1	液晶显示器	显示暗淡甚至不显示	电池失效或液晶显示器老化；量程转换开关接触不良
		发生笔画残缺现象	7106局部损坏，某些驱动端接触不良；LCD接触不良；小数点不能正常显示，一般为偏置电阻R_{18}、R_{19}或量程开关开路
		高压指示符"HV"不显示	量程开关未拨到DC1000V或AC750V；该标志符损坏；量程开关接触不良
2	DCV挡	200mV挡不正常	R_{P1}的触头松动，基准电压不能调节到97.4mV
		200mV挡正常，某电压挡的测量误差明显增大	该挡量程开关接触不良或分压电阻变值而造成的
3	ACV挡	交流200V、750V挡均不能测量	一般是整流二极管1N4007开路。当C_6容量减小，滤波效果变差，容易造成仪表跳数
4	DCA挡	200μA～200mA挡不能测电流	检查熔丝管是否烧断，此外，对于200μA和200mA挡，重点检查分流电阻R_{11}、R_{12}的阻值；对于20mA、200mA、10A挡则检查R_{08}、R_{09}、R_{10}的阻值
5	Ω挡	DCV挡正常，但Ω挡不能测量	应重点检查量程转换开关
6	二极管	该挡不能测量	量程转换开关接触不良
7	hFE	该挡不能测量	hFE插座与印制板脱焊；被测晶体管管脚插错或管子损坏或被测管接触不良

5.6　调幅式六管收音机装调实训

1. 实训目的

（1）通过对调幅式收音机电路的组装，掌握收音机电路的装配工艺。

（2）熟悉常用电子器件的类别、型号、规格、性能及其使用范围。进一步掌握电子产品的焊接、调试与维修方法。

（3）熟悉调幅式收音机电路基本特征以及了解调幅信号的调制过程。独立地完成简单电子产品的安装与焊接。

2. 实训器材

（1）数字万用表　　　1块

（2）装配及焊接工具　1套

（3）元器件清单见表5-7。

表 5-7 调幅式收音机元器件表列

名称	代号	规格型号	数量	名称	代号	规格型号	数量
三极管	$VT_1 \sim VT_7$	3DG201	6	金属膜电阻	R_{10}	$100\Omega,1/4W$	1
输入变压器	B_1	铁氧体	1	涤纶电容	C_1	$0.01\mu F$	1
振荡变压器	B_2	TTF-3	1	涤纶电容	C_2	6800pF	1
中频变压器	B_3,B_4	TTF-1	2	电解电容	C_3	$10\mu F,10V$	I
输出变压器	B_5	$5\sim10VA$	1	涤纶电容	C_4	$0.022\mu F$	1
金属膜电阻	R_1	$200k\Omega,1/4W$	1	涤纶电容	C_5	$0.01\mu F$	1
金属膜电阻	R_2	$1.8k\Omega,1/4W$	1	电解电容	C_6	$4.7\mu F,10V$	1
金属膜龟阻	R_3	$120k\Omega,1/4W$	1	涤纶电容	C_7	$0.022\mu F$	1
金属膜电阻	R_4	$56k\Omega,1/4W$	1	电解电容	C_8,C_9	$100\mu F,10V$	2
金属膜电阻	R_5	$100k\Omega,1/4W$	1	可调电容	C_A,C_B	双联	2
金属膜电阻	R_6	$100\Omega,1/4W$	1	耳机插座	CK		1
金属膜电阻	R_7	$120\Omega,1/4W$	1	扬声器	B	8Ω	1
金属膜电阻	R_8	$100\Omega,1/4W$	1	可调电位器	W	$470k\Omega$	1
金属膜电阻	R_9	$120\Omega,1/4W$	1	开关	K	电位器开关	1

3. 工作原理

天线接收到调幅高频信号的波形如图 5-33 所示。调幅信号的振幅按照音频信号的变化而变化,振幅变化的轨迹就是音频信号的波形,也叫包络线。

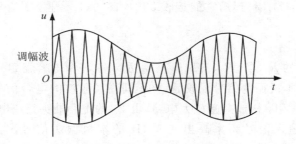

图 5-33 调幅信号波形图

收音机把天线接收到的广播电台的高频调幅信号变成一个固定的中频信号(我国规定调幅中频为 465kHz),然后对固定的中频信号进行多级放大,通过检波,再进行低频放大和功率放大,然后送扬声器发声。典型的超外差调幅式收音机原理框图如图 5-34 所示。

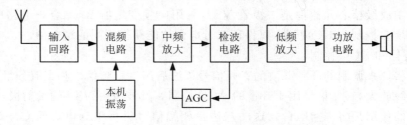

图 5-34 调幅式收音机原理框图

六管超外差收音机电路原理如图 5-35 所示,它由输入电路、混频级、本振电路、中放电路、检波电路和功放等电路组成。所谓超外差是指收音机接收的高频信号与本机振荡频率差拍成 465kHz 中频信号,然后检波和功放,它可克服收音机在不同频率接收灵敏度不均匀的缺点;而且固定的中频信号既便于放大,又便于调谐。

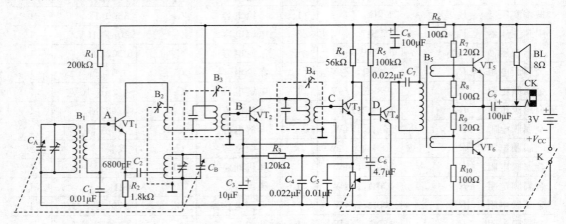

图 5-35　六管调幅式收音机电路原理图

1) 输入回路

从天线到变频管基极间的电路称为输入电路,其作用是接收来自空中的无线电波,从所有这些信号中选出所需要的电台信号。输入回路由 B_1 天线线圈的初级和与其并联的双联可调电容组成。对中波调幅信号,它能接收 535～1650kHz 的频率信号,并经过 B_1 的次级耦合到混频级的基极。

2) 混频和本振电路

变频由原理图中的 R_1、C_1、R_2、VT_1、C_2、B_2 及双联可调电容器组成。它将输入电路送来的调幅高频信号和本机振荡信号混频后,将不同高频载波的电台信号变成固定频率的中频载波信号。三极管 VT_1 构成共基放大电路,由 B_2 的中心抽头组成电感三点式振荡电路。它们将产生一个比输入信号频率高出 465kHz 的本机振荡信号,与输入信号在混频级 (VT_1) 形成差频 465kHz 的中频信号,并经过 B_2 耦合到中频变压器 B_3 加到中放级 VT_2 的基极,因为输入回路和本机振荡电路的 C_A 和 C_B 是一个双联可调电容器,无论是接收哪个频率的电台信号经混频级后产生的差频信号总是高于输入信号 465kHz。

3) 中频放大电路

中频放大器的作用是放大经过变频后的 465kHz 中频信号,然后将放大的中频信号送给检波器。中放级核心元器件是三极管 VT_2,采用中频变压器 B_4 耦合。电路中 R_3、R_4 构成一个自动增益控制(AGC)回路,以保证远近电台均能获得相同的增益值。

4) 检波器和 AGC 控制

检波器将原来调制的高频载波的音频信号检波后产生音频信号和直流分量。音频信号送出到功放级放大,直流信号用于音量的 AGC 控制。检波级由 VT_3 的发射极、C_5 和 R_P 组成。发射极的作用是将广播电台发送的双边带调幅信号进行单导电。而 C_5、R_P 的作用分别是通过中频电流和低频电流,也就是利用 C_5 对于不同频率信号的阻抗不同而达到将中频信号和音频信号分离的目的,从而达到检波效果。检波出来的音频信号经 C_6 耦合到功放级。

5）功放级

功放级将中频信号经检波后得到音频信号,再经功率放大级进行放大,然后驱动扬声器发出声音。功放级由前置放大级 VT_4 和推挽功放级 VT_5、VT_6 组成。

电阻 R_6 和 C_8 组成自举电路,目的是向混频级、中放级提供稳定的直流工作电压,同时电容 C_8 可滤除直流电池的噪声带来的干扰信号。

4. 实训步骤

1）检测元器件

用万用表检测元器件。如用 $R \times 1$ 挡测量各天线线圈、振荡线圈、高频阻流圈、中频变压器、低频变压器、喇叭等元器件直流电阻是否符合要求。对振荡线圈、低频变压器还应分出哪边是初级,哪边是次级,有没有短路和开路现象。测量喇叭阻值的同时还可凭听觉来判断音质、音量等;用 $R \times 1000$ 挡测量二极管正、反向电阻。测量三极管集电极与发射极正、反向电阻。测量电位器控制阻值是否平滑;测量固定电阻是否符合标称值。测量电容器是否有短路、漏电现象等。通过测量和选择,可以判断元件的好坏,去掉不合格元件。

2）装配前元器件的预处理

检测好的元件,为保证成品的工整美观,装配前应进行整形加工,应注意下列事项:

在加工前先用镊子轻轻拉直加工件的引出线,并刮去表面氧化层。对各种元件应做出粗略的加工尺寸和造型力求高度一致。元件引出线不得短于 8mm,太长也不好,不但影响美观,容易摆动折断,还容易引起机震。将元件引出线末端 3~5mm 处镀上一层薄薄的焊锡,便于装配时焊接。镀锡前可以蘸适量的酒精松香水。镀锡时力求迅速,以防元件损坏变质。

元器件在收音机的位置往往决定着性能、质量和收音效果。如果布局合理,调整起来就顺利,使用起来就稳定,这在高频电路中显得更为重要。电路布局的基本原则:元件要紧凑,走线尽量短,前后不交叉,各级要分清,高、中、低频分三段,大体形成一条线。元器件布置可参照图 5-36。

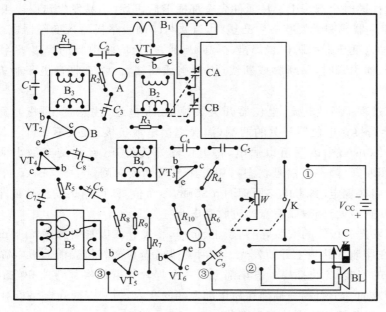

图 5-36　六管收音机元器件布置图

　　具体注意事项如下：与磁棒应该靠近的元件有高频线圈、可变电容器、天线线圈、振荡线圈；与磁棒应该疏远的元器件有电池、喇叭、变压器、振荡线圈、二极管；变压器之间要垂直，磁棒与机壳要平行；喇叭最好放正中，以使整机重量平衡；面板布局要对称，使控制旋钮容易旋动。

　　3）安装注意事项

　　整机安装过程中应注意以下问题：

　　电阻的安装：将电阻的阻值选择好后，根据两孔的距离弯曲电阻引脚，可采用卧式紧贴电路板安装，也可以采用立式安装，高度要统一。

　　瓷片电容和三极管的脚剪的长度要适中，不要剪得太短，也不要留得太长，不要超过中周的高度。电解电容紧贴线路板立式安装焊接，太高会影响后盖的安装。

　　磁棒线圈（系采用进口的自焊线生产的，可以不用刀子刮或砂纸砂线头）的四根引线头直接用电烙铁配合松香焊锡丝来回摩擦几次即可自动镀上锡，四个线头对应焊在线路板的铜箔面。

　　VT_5、VT_6 为 9013 属于中功率三极管，不要与 $VT_1 \sim VT_4$ 为 3DG201 或 9014 属于高频小功率三极管相混淆，因为它们的外形和脚位的排列都是一样的，VT_1 选用低 β 值（如绿点或黄点）的三极管，VT_2、VT_3 选用中 β 值（如蓝点或紫点）的三极管，VT_4 选用高 β 值（紫点或灰点）的三极管，否则装出来的效果不好。VT_1：$\beta = 70$ 左右；VT_2、VT_3、VT_4：$\beta = 110 \sim 180$；$VT_5 \approx VT_6$：$\beta = 250$ 左右。三极管采用立式焊接，引脚不易太短，在维修时不便拆卸，三极管三个极不要焊错，否则易损坏三极管（VT_1、VT_5、VT_6）。

　　中周（中频变压器）B_2 振荡、B_3 中频 1、B_4 中频 2 安装顺序不要颠倒，中周磁帽红色、白色、黑色磁帽不要乱调整影响 465Hz 频率，中周接地脚（屏蔽罩）要刮脚清理，否则不易挂焊锡焊接。引脚先不挂锡安装后将引脚折弯，直接焊接在电路板上。

　　电子元件焊接时，先焊 R、C、L、B 元件，再焊其他元件，按先小后大的顺序。例如电阻 R 要将同一类元件同时全部焊上。R 元件先全部插上后再焊，不易发生错误或丢失元件。

　　B_5 输入变压器线圈骨架有一白凸塑料点，要与印制线路板输入变压器电子符号上白点对应。当 B_5 输入变压器引脚位置焊错，拆卸 B_5 时，注意应将引脚的焊锡吸除干净，否则拆卸 B_5 输入变压器引脚时，易断脚或断线（内部引线断线）。六管收音机印制板图如图 5-37 所示。

　　静态电流过程：测量电流，电位器开关关掉，装上电池（注意正、负极），用万用电表的 50mA 挡，表笔跨接在电位器开关的两端（黑表笔接电池负极、红表笔接开关的另一端），若电流指示小于 10mA，则说明可以通电，将电位器开关打开（音量旋至最小即测量静态电流），将 B_1 线圈断开（静态无信号状态），用万用表分别依次测量 D、C、B、A 四个电流缺口，若被测量的数字在规定（参考电路原理图 5-35）的参考值，即可用烙铁将这四个缺口依次连通，再把音量开到最大，调双联拨盘即可收到电台。

　　电源指示发光二极管的安装，先判断正、负极，将发光二极管引脚预留 11mm，引脚应折弯 180°，安装在印制线路板上并使发光二极管对准收音机塑料机壳前面板电源指示孔。

　　耳机插座的安装，先将插座的靠尾部下面一个焊片往下从根部弯曲 90°插在线路板上，然后再用剪下来的一个引脚一端插在靠尾部上端的孔内，另一端插在电路板对应的孔内，焊接时速度要快，以免烫坏插座的塑料部分。

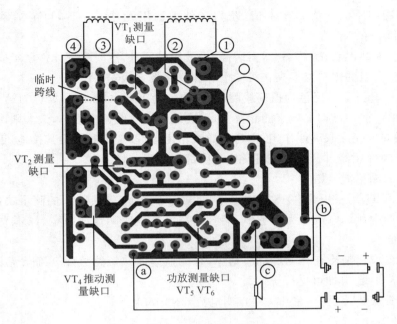

图 5-37　六管收音机印制板图

天线磁棒塑料架装在印制线路板元件引脚焊接面一侧,并用螺丝固定。喇叭安装时(喇叭有正、负极),喇叭正、负极应与印制线路板喇叭连接端引线近一些,将喇叭装入收音机塑料机壳前面板,将旁边三个凸起塑料点用烙铁加热折弯固定上喇叭。

电容器引线(动、定片、三个脚折弯或减去部分引脚)要使动、定片、三个引脚矮一些,否则用手拨动圆拨盘调谐收音时圆拨盘转动不流畅。固定时,同无线支架一起紧固在焊接面一侧,先用螺钉固定天线支架和可变电容器,再焊接。

4)机心装配步骤

(1)安装注意事项

元件分两部分安装:第一部分安装低频前置放大和功率放大部分,第二部分安装剩余部分。

首先安装功放部分,不能安装高、中放级的元件。注意元件高度基本一样高,太高会盖不上盖子。三极管、电解电容注意不要装错。应仔细检查有无虚、假、错焊,有无拖锡而致短路故障。确认无误后,连通电流测试口,进行通电检查。重点注意变压器不能接反。

① VT_5、VT_6 用三极管 9013 最好配对。不得与 $VT_1 \sim VT_4$(9018)弄混,否则不能正常工作。

② 先安装 B_3,外壳可起连接线和高度参照的作用。

③ 因为不安装插孔,喇叭线不接 c 点改接电容 C_9 正极。

④ 按照示意图接好电池、喇叭。

⑤ 接通 VT_4、VT_5、VT_6 的测量缺口。

⑥ 经检查安装无误后,在开关两点测电流 6～10mA。

⑦ 原理图中所标电流值为参考值。装调时,可根据实际情况而定,以不失真、不啸叫、声音宏亮为准。

⑧ 原理图中所标称值是参考值,若与套件中选用元件不一致,可灵活掌握(R_5 可用 100kΩ,C_5 可用 103)。

第二部分安装混频、中放部分,安装高、中放级的元件,这时全部元件已经安装完毕。注意不要装错。天线的塑料支架夹在可变电容和线路板之间安装。

① 中周一套三只。黑色为振荡线圈(B_2),白色为第一中周(B_3),绿色为第二中周(B_4)。三只中周在出厂前均已调在规定的频率上,装完统调后才能调整磁芯,最大限度不能超过三分之一。(中周外壳除起屏蔽作用外,还起导线作用,所以装配时请将其接地)重点注意振荡线圈(黑)、中频变压器(白,绿)不能接错,其内部接线不一样。

② 天线线圈不能接错、接反。

③ VT_1、VT_2 用三极管 9018,如果不测量电流可接通 VT_1、VT_2 的测量缺口。

④ 原理图中所标电流值为参考值。装调时,可根据实际情况而定,以不失真、不啸叫、声音洪亮为准。

⑤ 调试前应仔细检查有无虚、假、错焊,有无拖锡而致短路故障。确认无误后,请连通四个电流测试口,上电即可进行统调。

⑥ 经检查安装无误后,在开关两点测电流 6~10mA。

(2) 元件引脚上锡

根据元件清单分别对电阻、电容、三极管、天线线圈进行镀锡,镀锡时先用小刀或细砂纸擦净元件引脚的垢层,用已预热的电烙铁让元件引脚先上一层松香(镀锡时起助焊作用),然后再镀上一层薄锡。特别要注意的是,磁性天线线圈是用单股或多股漆包线,用上述方法镀锡很容易出现漆包线断股,因此,用细砂纸擦净漆包线表面漆层之前最好用火柴烧一下线圈头上的纱包与漆层。在去纱包、漆皮的同时把锡镀上。初学焊接的初学者这一道工序一定要做。以后随着焊接水平的提高,逐步会感受到什么元件引脚需经表面处理后镀锡,什么元件引脚产品出厂时锡已经镀好,不需要再镀上层焊锡。

(3) 找出"特殊元件"在印制线路板上的位置

首先找出实物图中的"特殊元件":磁性天线线圈(B_1),双联可变电容器(C_1),本机振荡线圈(B_2),中频变压器(B_3、B_4),电位器和输入变压器(B_5)。然后从套件中找出这些元件(实物),确认这些元件在电路图中的代表符号,并与印制线路板图上这些元件的符号相对应。确定出它们的安装地点。最后根据上述元件的引脚特点、固定方式,在印制线路板上找它们切实的安装位置。值得注意的是,本机振荡线圈和中频变压器的引脚和固定方式是一样的,为了防止它们之间相互装错,它们的安装位置一方面可以从印制线路板图中的元件序号确定,另一方面可依据电路原理图的连接线来判定。本机振荡线圈与双联可变电容器线圈相接;第一中频变压器初级绕组与本机振荡线圈初级绕组相接,第二中频变压器初级绕组与一中放三极管 VT_2 集电极相接。在印制线路板上找出特殊元件的位置后,分别将上述元件紧固或焊接到印制线路板上,要注意的是,上述元件都是安装在印制线路板上没有铜箔的一面上。其安装方法如下:

(4) 元件的安装

① 电位器的安装。将电位器 5 个引脚(两个引脚为电源开关引出脚)插入线路板中 5 个对应的孔,然后在松香的助焊下,将它们焊牢在印制线路板上。

② 双联可变电容器和天线线圈的安装。将双联可变电容器 3 个引脚插入印制线路板

对应的 3 个孔,再将固定磁棒的尼龙支架固定脚片垫入双联可变电容器与线路板之间(注意尼龙支架固定脚片的螺钉孔应与双联可变电容器螺钉孔对齐),然后用 M2.5×5 螺钉将双联可变电容器与尼龙支架紧固在电路板上,再用焊锡将双联可变电容器的引脚焊在印制线路板对应点,最后穿入磁棒。套上天线线圈并使初级线圈(绕组多的一组,即 L_1)靠磁棒的外侧,然后分别将已镀上焊锡的两个绕组的线头焊在线路板上。

③ 变压器(B_2、B_3、B_4、B_5)的安装。分别将中波振荡线圈(B_2,磁帽为黑色)、中频变压器(B_3 磁帽为白色、B_4 磁帽为绿色)和输入变压器(B_5)插入印制线路板,要注意输入变压器的连接方法。安装输入变压器之前,要用万用表 R×10 挡判断出输入变压器引脚与绕组的关系。其中直流电阻为 120Ω 的绕组是变压器初级绕组,直流电阻为 60Ω 的绕组是次级绕组,然后根据原理图将它安装在印制线路板中。由原理图可知,在印制线路板中输入变压器的初级绕组一端必须与 VT_4 的集电极相接,另端接电源的正极;在输入变压器中有两个次级绕组,它的一端必须分别与 VT_5、VT_6 的基极相接。由于输入变压器的引脚分布是对称的,初学者很容易装错,所以将输入变压器插入印制线路板对应的 6 个孔中时,其插入的方向一定要确认满足上述的连接要求。输入变压器引脚是采用 0.8mm 铜线引出,输入变压器内部绕组是用 0.06mm 漆包线绕制的。

④ 其他元件的安装。元件的焊点用锡量不要太多,太多除了浪费和不美观之外,太大的焊锡点有时还会和相邻的焊点碰触,造成短路。在焊接时,元件引线的多余部分要剪掉,穿过印制线路板以后不要伸出太长,一般留 2~3mm。在焊接过程中要力求体会到焊好一个焊点,松香(助焊剂)、焊锡、烙铁温度以及电烙铁滞留在焊点上的时间四者之间的关系。建议焊好一个元件在电路图上对应做一个记号,这样一方面可以防止漏焊,另一方面也可以防止错焊元件。在焊接过程中还要注意到电解电容器极性不能焊反,色环电阻最好第一环朝上。

各元件焊好后,三极管和电解电容器高度应一致,所有电阻器的高度应一致,这样就可以使整机显得整齐、美观,体现基本的工艺水平。

印制线路板焊接完毕后,可以用棉花蘸一点酒精将残留在印制线路板上的松香抹去。

5) 调试常见问题解决方法

整机装配完毕后,一般会出现两种问题:

(1) 可以收听到电台,但台少,或不清晰、失真,需要调试。

(2) 收听不到电台,无声,那就需要进行检测,找出什么地方出了问题,是否需要更换元器件。

下面对这两个问题作一些简单的分析。

(1) 可以收听到电台,但台少,或不清晰、失真,需要调试

我们进行的是三点统调,即中端、高端、低端三点。先调中端,一般是 729kHz 的中央台。指针刻度对应 729kHz,缓慢调节红色的中频变压器(中周),即调节磁芯在线圈中的位置,使其能最清晰地收到江西电台的广播。然后再调高端,可先将收音机调到一个高端电台即中央一台(981kHz),然后调节两个补偿电容。这两个高端频率补偿电容是并联在调谐电容 C_a、C_b 两端的,直到能清晰地收听到高端的电台广播为止。最后调低端,一般是调 630kHz 的中央二台。指针刻度对应 630kHz,直接拨动天线线圈相对磁棒的位置,直到能清晰地收听到中央二台的广播为止。

（2）收听不到电台，无声

此时需要进行检测，找出问题所在，是否需要更换元器件。一般情况下，可按以下四个步骤依次进行：

① 测 A 点电流：如电流 $I_1 \geqslant 0.3\text{mA}$，则进行下一步骤。如测得电流为 0mA，则看漆包线 c、d 两端是否刮好，否则易造成仍然是绝缘的现象；测两中周的线圈有无断路的情况，如有，则要进行更换；看三极管的型号是否选择正确（此处应选择高频管），以及管脚是否装反。

② 测 B 点电流：如电流 $I_2 \geqslant 0.5\text{mA}$，则进行下一步骤。如测得电流为 0mA，则测两中周的线圈有无断路的情况，如有，则要进行更换；看三极管的型号是否选择正确，以及管脚是否装反。

③ 测 C 点电流：如电流 $I_4 \geqslant 2\text{mA}$，则进行下一步骤。如测得电流为 0mA，则看变压器的位置是否正确，即管脚的连接是否正确；看变压器绕组是否是通路，即测初级线圈电阻约 180Ω，次级线圈电阻约 90Ω。

④ 测 D 点电流：如果电流 $I_5 = 1.5\text{mA}$ 或 0mA，用金属物体（如螺丝刀）触碰一下变压器初级或电位器输入端，看扬声器是否会发出声响。如不响，则看扬声器是否有问题；测 $R_7 \sim R_{10}$ 阻值是否正确；查 C_9 正极电位是否为 1.5V 左右；看 C_9 是否是 $100\mu\text{F}$。

5.7 自动搜索 FM 收音机装调实训

1. 实训目的

（1）了解自动搜索调频（FM）收音机电路的工作原理。

（2）熟悉 FM 收音机电路基本特征以及调频信号发射与接收过程。

（3）通过对自动搜索 FM 收音机电路的组装，了解收音机电路的装配过程。

（4）熟悉常用电子器件的类别、型号、规格、性能及其使用范围。进一步掌握电子产品的焊接、调试与维修方法。

2. 实训器材

（1）数字万用表　　　　1 块

（2）装配及焊接工具　　1 套

（3）元器件清单见表 5-8。

表 5-8　FM 收音机元器件列表

名称	代号	规格型号	数量	名称	代号	规格型号	数量
集成芯片	A	CD9088	1	变容二极管	VD_1	BB910	1
瓷片电容	C_1	220pF	1	发光二极管	VD_2	1V	1
瓷片电容	C_2, C_{19}	35pF	2	空心线圈	L_1	$\phi 5.3 \times 8.5 \times 0.5$	1
瓷片电容	C_3	82pF	1	空心线圈	L_2	$\phi 3.5 \times 4.5 \times 0.7$	1
瓷片电容	C_4, C_{11}	40nF	2	电感线圈	L_3, L_4	$4.7\mu\text{H}$	2
瓷片电容	C_5	470pF	1	金属膜电阻	R_1	$47\text{k}\Omega$, 1/8W	1
瓷片电容	C_6, C_9	$0.1\mu\text{F}$	2	金属膜电阻	R_2	510Ω, 1/8W	1
瓷片电容	C_7	330pF	1	金属膜电阻	R_3	$22\text{k}\Omega$, 1/8W	1

续表

名称	代号	规格型号	数量	名称	代号	规格型号	数量
瓷片电容	C_8 , C_{13}	3.3 nF	2	金属膜电阻	R_4	5.6 kΩ,1/8W	1
瓷片电容	C_{10} , C_{12}	0.01μF	2	金属膜电阻	R_5	20Ω,1/8W	1
瓷片电容	C_{14}	180pF	1	金属膜电组	R_6	330Ω,1/8W	1
电解电容	C_{15}	220μF,6.3V	1	金属膜电阻	R_7	150kΩ,1/8W	1
瓷片电容	C_{16} , C_{17}	0.1μF	2	金属膜电阻	R_8	1.2kΩ,1/8W	1
瓷片电容	C_{18}	680pF	1	可调电位器	R_P	50kΩ	1
三极管	VT_1	9018	1	耳机播座	CZ	ST-111	1
三极管	VT_2	9014	1	印制线路板		PCB	1
三极管	VT_3	8550	1				

3. 工作原理

调频是指高频信号的角频率随着音频信号的大小作正比例变化。调频波如图 5-38 所示。由图可以看出,高频信号的振幅和初相角没有变化,只是它的频率按照音频信号的变化规律相应发生变化,音频信号电压越高,调频波的频率越高,电压越低,频率越低。

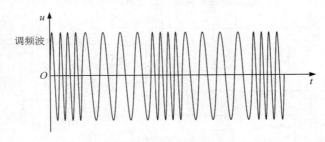

图 5-38 调频信号波形图

调频收音机的原理框图如图 5-39 所示,由输入回路、高频放大电路、混频电路、本机振荡电路、中频放大电路、限幅器和鉴频器以及功率放大电路组成。

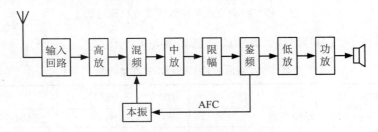

图 5-39 调频式收音机原理框图

从以上的调频收音机原理框图可以看出,其原理基本与调幅收音机差不多,只是增加了几个电路,如高放、限幅、鉴频等。

(1) 高放电路。实际上,在调幅收音机中有的收音机也有这个电路,经过输入回路的高频信号进行一次放大,然后再送到混频级,目的就是提高它的接收能力。

(2) 中放电路。作用与调幅收音机一样,只是频率不同,调幅收音机的中频是 465kHz,而调频收音机的中频是 10.7MHz。因此在调频收音机的输入回路端接收到的频率范围是

87～108 MHz。

（3）鉴频电路。在调幅收音机中有检波电路，作用是把中频的 465kHz 的频率滤掉，把音频信号提取出来，而这里是通过鉴频器达到这样的目的。其作用与检波器的作用相似。

（4）限幅电路。为了提高抗干扰能力，在鉴频之前，首先把它超出的振幅加以限制，一般高出的幅度多数为干扰信号。调频收音机比调幅收音机的抗干扰能力强，限幅器的作用非常重要。

（5）AFC 电路。在调幅收音机中有 AGC 电路，目的是自动调整信号的强弱，而这里是通过 AFC 电路调整信号的强弱，不同的是，它是通过改变本振频率实现的。

以集成电路 CD9088 为核心的 FM 收音机电路原理如图 5-40 所示，它采用先进的低中频（70kHz）技术，能自动搜索，外围电路省去了中频变压器和陶瓷滤波器，使电路简单可靠，调试方便。

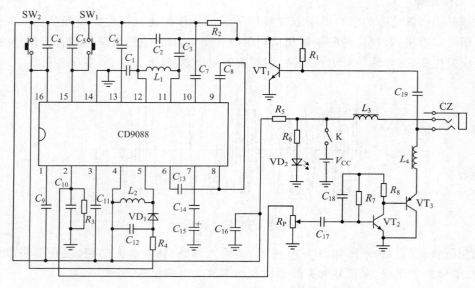

图 5-40　自动搜索单片调频收音机原理图

CD9088 采用 SOT16 脚封装，其引脚功能如表 5-9 所示。

表 5-9　集成芯片 CD9088 引脚功能表

引脚	符号	功　　能	引脚	符号	功　　能
1	OUT_{MUTE}	静噪输出	9	IN_{IF}	限幅中频输入
2	OUT_{AF}	音频输出	10	FIL_{LP2}	限幅低通滤波
3	LOOP	环路滤波	11	IN_{RF}	射频信号输入
4	V_{CC}	电源	12	IN_{RF}	射频信号输入
5	OSC	本振调谐回路	13	FIL_{LIM}	限幅器偏置滤波
6	IF_{FB}	中频反馈	14	GND	接地
7	FIL_{LP1}	1dB 放大器低通滤波	15	FIL_{AP}	全通滤波
8	OUT_{IF}	IF 输出	16	TUNE	电调谐/AFC 输出

图 5-40 中，FM 收音机的调频信号由耳机线输入，经 C_9、VT_1、C_2、C_3 和 L_1 进入 IC 的引脚端 11、引脚端 12 混频电路。此处的调频信号是没有调谐的调频信号，即所有调频电台均可进入。

本振电路中频率调节的关键元器件是变容二极管 VD_1。由于 VD_1 的 PN 结的电容与所加电压有关，当按下扫描开关 SW_1 时，IC 内部的 RS 触发器打开恒流源，由 16 脚向电容 C_4 充电，C_4 两端电压不断上升，VD_1 电容量不断变化，由 VD_1、C_{12}、L_2 构成的本振电路的频率随之不断变化而进行调谐。当收到电台信号后，信号检测电路使 IC 内的 RS 触发器翻转，恒流源停止对 C_4 充电，同时在 AFC 电路作用下，锁住所接收的广播节目频率，从而可以稳定接收电台广播，直到再次按下 SW_1 开始新的搜索。当按下复位开关 SW_2 时，电容 C_4 放电，本振频率回到低端。

电路的中频放大、限幅及鉴频电路的有源器件及电阻均在 IC 内。FM 广播信号和本振电路信号在 IC 内混频器中混频产生 70kHz 的中频信号，经内部 1dB 放大器、中频限幅器，送到鉴频器检出音频信号，经内部环路滤波后由 2 脚输出音频信号。电路中 1 脚的 C_9 为静噪电容。3 脚的 C_{11} 为 AF(音频)环路滤波电容，6 脚的 C_{13} 为中频反馈电容，7 脚的 C_{14} 为低通滤波电容，8 脚与 9 脚之间的电容 C_8 为中频耦合电容，10 脚的 C_7 为限幅器的低通滤波电容，13 脚的 C_7 为限幅器失调电压滤波电容。

由于用耳机收听，所需功率很小，本机采用了简单的晶体管放大电路，2 脚输出的音频信号经电位器 R_P 调节后，由 VT_2、VT_3 组成复合管甲类放大电路放大。R_3 和 C_{10} 组成音频输出负载，线圈 L_3 和 L_4 为射频与音频隔离线圈。

4. 实训步骤

1）安装前检查

① 印制板检查。对照图 5-41 检查 PCB 板图，有无短、断路和缺陷；孔位及尺寸是否准确。

② 元器件的检测(用万用表)。三极管的极性的判别和放大倍数测量；电位器阻值调节特性是否正常；LED、线圈、电解电容、插座、开关的好坏；判断变容二极管的好坏及极性。

2）元器件的安装与焊接

元器件在焊接之前应按图 5-41 将元件插入孔内，并反复检查是否正确。

具体安装步骤如下：

① 安装并焊接电位器 R_P，注意电位器与印制板平齐。

② 安装耳机插座 CZ。

③ 安装按键开关 SW_1、SW_2。

④ 安装变容二极管 VD_1(注意极性标记)。

⑤ 安装电感线圈 $L_1 \sim L_4$(8 匝线圈 L_1，5 匝线圈 L_2、L_3、L_4 要贴板安装)。

⑥ 安装电容，特别是电解电容 C_{15}(220μF)要贴板焊接。

⑦ 电阻 R_3、R_5、R_6、R_7、R_8 要立式焊接，R_1、R_2、R_4 要平装。

⑧ 安装发光二极管 VD_2，注意高度、极性。

⑨ 焊接电源连接线要注意正、负极性和连线颜色。

3）调试

(1) 调试前，先检查所有元器件；焊接完成后，先目视检查元器件型号、规格、数量及安

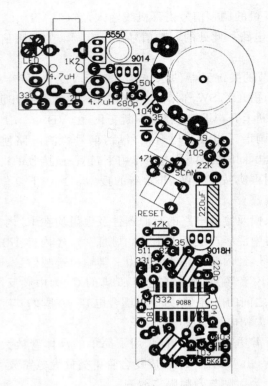

图 5-41　自动搜索调频收音机总装配图

装位置、方向是否与图纸符合,焊点有无虚、漏焊及桥接、飞溅等缺陷。

(2) 检查一切正常后装入电池,然后测量整机电流,具体方法如下:(插入耳机)用数字万用表跨接在电源开关两端测电流(电源开关不能打开),这时,正常电流应为 7~30mA(与电源电压有关),并且 LED 正常点亮。当电源电压为 3V 时,电流约为 24mA。如果电流为0,或超过 35mA 应检查电路。

(3) 搜索电台广播。如果电流在正常范围,可按 SW$_1$ 搜索电台广播。只要元器件质量完好,安装正确,焊接可靠,不用调任何部分即可收到电台广播。如果收不到电台,应仔细检查电路,特别要检查有无错装、虚焊等缺陷。

(4) 调接收频段(俗称调覆盖)。我国调频广播的频率范围为 87~108MHz,调试时可找一个当地频率最低的调频电台,适度改变线圈 L_2 的间距,使按下 SW$_1$ 键后第一次就可收到这个电台。由于 CD9088 集成度高,元器件一致性较好,一般收到低端电台后均可覆盖调频频段,故可不调高端而仅做检查(可用一个成品调频收音机对照检查)。

(5) 调整灵敏度。本机灵敏度由电路及元器件决定,一般不用调整。

5.8　温度测控仪装调实训

1. 实训目的

(1) 了解温度测控仪的工作原理。

(2) 通过对温度测控仪电路的组装,了解温度测控仪电路的装配过程。

（3）通过实训，进一步熟悉电子产品的装配、调试、检测方法。

2. 实训器材

（1）数字万用表　　　1块

（2）装配及焊接工具　1套

（3）元器件清单见表 5-10。

表 5-10　温度测控仪元器件表列

名称	代号	规格型号	数量	名称	代号	规格型号	数量
金属膜电阻	R_6，R_{11}	1MΩ	2	热敏电阻	R_t	1kΩ（负温度系数）	1
金属膜电阻	R_{15}	5.1kΩ	1	稳压管	D_z	6V，1W	1
金属膜电阻	R_7	910kΩ	1	发光二极管	LED	红 $\phi3$	1
金属膜电阻	R_1	68kΩ	1	整流二极管	$D_1 \sim D_4$	1N4001	4
金属膜电阻	R_3	220Ω	1	直流继电器	KA	12V	1
金属膜电阻	R_2，R_{12}	20kΩ	2	电解电容	C_1，C_2	470μF/35V	2
金属膜电阻	R_4，R_5	10kΩ	2	电解电容	C_3，C_4	0.33μF/35V	2
金属膜电阻	R_9，R_{10}，R_{13}	1kΩ	3	电解电容	C_5，C_6	0.1μF/35V	2
金属膜电阻	R_{14}	100Ω，2W	1	三端稳压管	V_1	78M12	1
加热电阻	R_T	220Ω，2W	1	三端稳压管	V_2	79M12	1
电位器	R_{W3}，R_{W4}	100kΩ	2	运算放大器	U_{01}	μA741	1
电位器	R_{W1}	10kΩ	1	电压比较器	U_{02}	LM393	1
三极管	NPN	8050	1				

3. 工作原理

温度测控仪原理框图及其电路如图 5-42 和图 5-43 所示，它是由负温度系数电阻特性的热敏电阻（NTC 元件）R_t 为一桥臂组成测温电桥，其输出经测量放大器放大后由滞回比较器输出"加热"与"停止"信号，经三极管放大后控制加热器"加热"与"停止"。改变滞回比较器的比较电压 U_R 即可改变控温的范围，而控温的精度则由滞回比较器的滞回宽度确定。

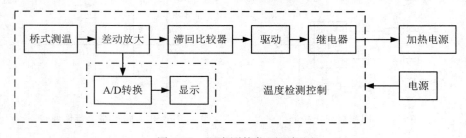

图 5-42　温度测控仪原理框图

1）测温电桥

由 R_1、R_2、R_3、R_{W1} 及 R_t 组成测温电桥，其中 R_t 是温度传感器。其呈现出的阻值与温度成线性变化关系且具有负温度系数，而温度系数又与流过它的工作电流有关。为了稳定 R_t 的工作电流，达到稳定其温度系数的目的，设置了稳压管 D_2。R_{W1} 可决定测温电桥的平衡。

2）差动放大电路

由 A_1 及外围电路组成的差动放大电路，将测温电桥输出电压 ΔU 按比例放大。其输出电压为

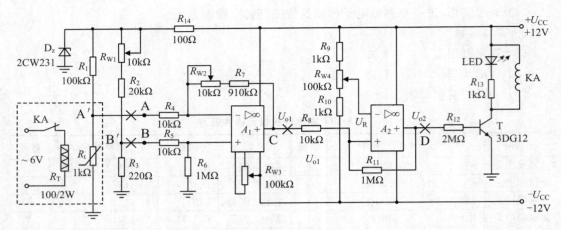

图 5-43　温度监测及控制电路图

$$U_{o1} = -\left(\frac{R_7 + R_{W2}}{R_4}\right)U_A + \left(\frac{R_4 + R_7 + R_{W2}}{R_4}\right)\left(\frac{R_6}{R_5 + R_6}\right)U_B$$

当 $R_4 = R_5$，$(R_7 + R_{W2}) = R_6$ 时，有

$$U_{o1} = \frac{R_7 + R_{W2}}{R_4}(U_B - U_A)$$

其中，R_{W3} 用于差动放大器调零。

可见差动放大电路的输出电压 U_{o1} 仅取决于两个输入电压之差和外部电阻的比值。

3）滞回比较器

差动放大器的输出电压 U_{o1} 输入由 A_2 组成的滞回比较器。滞回比较器的单元电路如图 5-44 所示，设比较器输出高电平为 U_{oH}，输出低电平为 U_{oL}，参考电压 U_R 加在反相输入端。同相滞回特性曲线如图 5-45 所示。

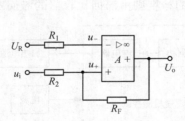

图 5-44　同相滞回比较器

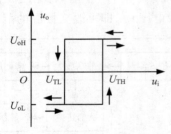

图 5-45　同相滞回特性曲线

当输出为高电平 U_{oH} 时，运放同相输入端电位

$$u_{+H} = \frac{R_F}{R_2 + R_F}u_i + \frac{R_2}{R_2 + R_F}U_{oH}$$

当 u_i 减小到使 $u_{+H} = U_R$，即

$$u_i = u_{TL} = \frac{R_2 + R_F}{R_F}U_R - \frac{R_2}{R_F}U_{oH}$$

此后，u_i 稍有减小，输出就从高电平跳变为低电平。

当输出为低电平 U_{oL} 时，运放同相输入端电位为

$$u_{+L} = \frac{R_F}{R_2 + R_F} u_i + \frac{R_2}{R_2 + R_F} U_{oL}$$

当 u_i 增大到使 $u_{+L} = U_R$，即

$$u_i = U_{TH} = \frac{R_2 + R_F}{R_F} U_R - \frac{R_2}{R_F} U_{oL}$$

此后，u_i 稍有增加，输出又从低电平跳变为高电平。

因此 U_{TL} 和 U_{TH} 为输出电平跳变时对应的输入电平，常称 U_{TL} 为下门限电平，U_{TH} 为上门限电平，而两者的差值为

$$\Delta U_T = U_{TR} - U_{TL} = \frac{R_2}{R_F}(U_{oH} - U_{oL})$$

称为门限宽度，它们的大小可通过调节 R_2/R_F 的比值来调节。

由上述分析，差动放大器输出电压 u_{o1} 经分压后，通过滞回比较器，与反相输入端的参考电压 U_R 相比较。当同相输入端的电压信号大于反相输入端的电压时，A_2 输出正饱和电压，三极管 T 饱和导通。通过发光二极管 LED 的发光情况，可知负载的工作状态为加热。反之，当同相输入电压信号小于反相输入端电压时，A_2 输出负饱和电压，三极管 T 截止，LED 熄灭，负载的工作状态为停止。调节 R_{W4} 可改变参考电平，也同时调节了上下门限电平，从而达到设定温度的目的。

4. 线路板制作

一般按以下步骤制作线路板：

单面敷铜板→下料→表面处理→复印印制线路板图→描图→固化、检查修板→蚀刻→去抗蚀印料→刷洗、干燥→钻孔及外形→电气开、短路测试→刷洗、干燥→预涂防氧化保护层。

具体要求和步骤说明可参考 3.2.3 节内容，来进行线路板的制作。

5. 装配焊接

1）元器件的筛选检测

（1）按材料清单清点全套元器件，并负责保管。

（2）用万用表检测元件表中的所有元件，有关测量结果填入实习报告中。

2）元件安装焊接

元件的安装焊接质量直接影响整机质量与成功率，操作时务必认真细心。

（1）元器件引脚的清洁

电子元器件的金属引脚常有一层氧化物，氧化物导电性很差，对锡分子的吸附力不强，因此焊接前要把焊接处的金属表面用橡皮擦打磨光洁。有的人常用小刀去刮引脚上的氧化层，这是不合理的，因电子元器件的引脚出厂时都经过表面处理，目的是使元器件引脚易于焊接。若小刀刮去元器件引脚的表面露出引脚的基本材料更不易焊接牢固。只有经过清洁后的电子元件的引脚，焊接之后才不会出现"虚焊"。

（2）元件的安装

三极管的安装要注意色标、极性及安装高度；电阻要注意将色环方向保持一致，安装高度适当；电位器可集中安排在线路板的外侧安装，以便于调试；电容要注意它的极性。

（3）助焊剂的选用

可供金属（导电材料）焊接的助焊剂种类很多，常用的有氯化锌、焊锡膏（俗称焊油）。焊

接电子电路元件最合适的助焊剂是松香。焊接时可将松香和焊锡同时加到焊点上去,不要用热的烙铁去蘸松香。市售的一种松香锡丝(焊锡丝是空心的,空心处灌满松香),使用效果不错。

(4) 电烙铁的使用

由于铜箔和绝缘基板之间的结合强度、铜箔的厚度等原因,烙铁的温度最好控制在200~300℃之间,因此焊接一般的电子元器件常用20W的内热式电烙铁(对初学者)。当焊接能力达到一定熟练程度时,为提高焊接效率,也可选用35W内热式电烙铁。新买的电烙铁,使用之前要"上锡",方法是:用砂纸或锉刀事先把烙铁头打磨干净,接上电源,待烙铁头温度一旦高过焊锡熔点时,再用它去蘸带松香的焊锡丝,烙铁头表面就会附上一层光亮的锡,烙铁就能使用了。没有上过锡的烙铁,焊接时不会吃锡,难以进行焊接。

烙铁使用时间长了或烙铁头温度过高,烙铁头会氧化,造成烙铁"烧死"而蘸不上锡,也难于焊接元件到印刷板上。烙铁头应保持清洁,不清洁的局部区域也蘸不上锡,还会很快氧化,日久之后常造成烙铁头长时间处于待焊状态,温升过高,也会造成烙铁头"烧死"。所以焊接时一定要做好充分准备,尽量缩短烙铁的工作(加电)时间,一旦不焊接立刻拔去烙铁电源。

(5) 焊接元件

焊接元件时应选用低熔点的松香焊锡丝。焊接时除烙铁头温度适当外,被焊元件和烙铁的接触时间也要适当,时间短也会造成虚焊,时间太长会烫坏元器件。一般的元件焊接时间为2~3s即可。焊点处焊锡未冷到凝固前,切勿摇动元件的焊头,否则会造成虚焊,影响焊点的质量。需要注意,对特殊器件的焊接应按元件要求进行,如有的CMOS器件要求烙铁不带电工作,或烙铁金属外壳加接地线。

(6) 检查和整理

焊接完成后要进行检查和整理。检查的项目包括:有无插错元器件、漏焊及桥连;元器件的极性是否正确及印制线路板上是否有飞溅的焊料、剪断的线头等。检查后还需将歪斜的元器件扶正,并整理好导线。

(7) 检查焊点

焊接的质量直接影响到电子产品的质量。按4.3.2节要求的内容仔细检查焊点的质量。

6. 电路调试

按图5-43连接电路,各级之间暂不连通,形成各级单元电路,以便各单元分别进行调试。先对电源模块和A/D转换与显示模块电路进行调试,调试正常后再整体组合调试,并记录调试过程及测量数据。

1) 差动放大器

差动放大电路如图5-46所示。

(1) 运放调零。将A、B两端对地短路,调节R_{W3}使$U_o=0$。

(2) 去掉A、B端对地短路线。从A、B端分别加入不同的两个直流电平。当电路中$R_7+R_{W2}=R_6$,$R_4=R_5$时,其输出电压为

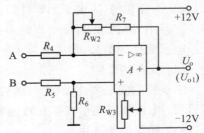

图5-46　差动放大电路

$$U_{\mathrm{o}} = \frac{R_7 + R_{\mathrm{W2}}}{R_4}(U_{\mathrm{B}} - U_{\mathrm{A}})$$

在测试时,要注意加入的输入电压不能太大,以免放大器输出进入饱和区。

(3) 将 B 点对地短路,把频率为 100Hz、有效值为 10mV 的正弦波加入 A 点。用示波器观察输出波形。在输出波形不失真的情况下,用交流毫伏表测出 U_{i} 和 U_{o} 的电压。算得此差动放大电路的电压放大倍数 A。

2) 桥式测温放大电路

将差动放大电路的 A、B 端与测温电桥的 A′、B′端相连构成一个桥式测温放大电路。

(1) 在室温下使电桥平衡

在室温条件下,调节 R_{W1},使差动放大器输出 $U_{\mathrm{o1}} = 0$(注意:前面调好的 R_{W3} 不能再动)。

(2) 温度系数 $K(\mathrm{V}/\mathrm{℃})$

由于测温需升温槽,为使实习简易,可虚设室温 T 及输出电压 U_{o1},温度系数 K 也定为一个常数,具体参数由读者自行填入表 5-11 内。

表 5-11　温度测量

温度 $T/℃$	室温			
输出电压 $U_{\mathrm{o1}}/\mathrm{V}$	0			

从表 5-11 中可得到 $K = \Delta U/\Delta T$。

(3) 桥式测温放大器的温度-电压关系曲线

根据前面测温放大器的温度系数 K,可画出测温放大器的温度-电压关系曲线,实习时要标注相关的温度和电压的值,如图 5-47 所示。从图中可求得在其他温度时,放大器实际应输出的电压值;也可得到在当前室温时,U_{o1} 实际对应值 U_{S}。

(4) 重调 R_{W1},使测温放大器在当前室温下输出 U_{S}。即调 R_{W1},使 $U_{\mathrm{o1}} = U_{\mathrm{S}}$。

3) 滞回比较器

滞回比较器电路如图 5-48 所示。

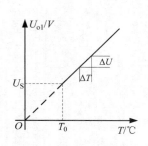

图 5-47　温度-电压关系曲线

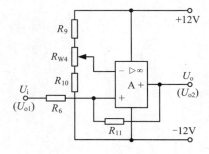

图 5-48　滞回比较器电路

(1) 直流法测试比较器的上下门限电平

首先确定参考电平 U_{R} 值。调 R_{W4},使 $U_{\mathrm{R}} = 2\mathrm{V}$。然后将可变的直流电压 U_{i} 加入比较器的输入端。比较器的输出电压 U_{o} 送入示波器 Y 输入端(将示波器的"输入耦合方式"开关置于"DC",X 轴"扫描触发方式"开关置于"自动")。改变直流输入电压 U_{i} 的大小,从示波器屏幕上观察到当 U_{o} 跳变时所对应的 U_{i} 值,即为上、下门限电平。

（2）交流法测试电压传输特性曲线

将频率为100Hz、幅值3V的正弦信号加入比较器输入端，同时送入示波器的X轴输入端，作为X轴扫描信号。比较器的输出信号送入示波器的Y轴输入端。微调正弦信号的大小，可从示波器显示屏上得到完整的电压传输特性曲线。

4）温度检测控制电路整机工作状况

（1）按图5-43连接各级电路。（注意：可调元件 R_{w1}、R_{w2}、R_{w3} 不能随意变动。如有变动，必须重新进行前面内容）

（2）由所需检测报警或控制的温度 T，从测温放大器温度-电压关系曲线中确定对应的 U_{o1} 值。

（3）调节 R_{w4} 使参考电压 $U'_R=U_R=U_{o1}$。

（4）用加热器升温，观察温升情况，直至报警电路动作报警（在实习电路中当LED发光时作为报警），记下动作时对应的温度值 t_1 和 U_{o1} 的值。

（5）用自然降温法使热敏电阻降温，记下电路解除时所对应的温度值 t_2 和 U_{o1} 的值。

（6）改变控制温度 T，重做（2）、（3）、（4）、（5）内容，把测试结果记入表中。根据 t_1 和 t_2 值，可得到检测灵敏度 $t_0=(t_2-t_1)$。

注：实习中的加热装置可用一个 $100\Omega/2W$ 的电阻 R_T 模拟，将此电阻靠近 R_t 即可。

第6章

电子装置设计实训

6.1 电子装置设计的基本方法

6.1.1 电子装置设计的基本原则

电子装置设计的基本原则如下：

(1) 满足系统功能和性能要求。

电子装置系统设计、研制过程自始至终是设计者满足设计任务书中规定的系统功能和性能要求的过程。好的设计必须完全满足设计要求的功能特性和技术指标。

(2) 电路简单、成本低。

在满足功能和性能要求的前提下，电路越简单、元器件越少，失效率越低，可靠性越高、越经济。设计过程中采用系统集成技术是简化系统电路的最好方法。

(3) 电磁兼容性好。

符合国际、国家电磁兼容性标准，是现代电子产品尤其是高速、高频电子产品和电子系统鉴定定型的必备条件。产品要经过电磁兼容性认证，所以一个电子系统应具有良好的电磁兼容特性，要进行电磁兼容性及抗干扰设计。实际设计时，设计结果必须满足给定电磁兼容条件，以确保系统正常工作。如设计任务中未给出，应查国家电磁兼容性标准，按国家标准设计。

(4) 可靠性高。

电子装置系统的可靠性要求与系统的实际用途、使用环境等因素有关。一般情况下，大型电子系统必须进行可靠性设计。任何一种工业系统的可靠性计算都是以概率统计为基础的，因此电子装置系统的可靠性是一种定性估算，所得到的结果也只是具有统计意义的数值。实际上，电子装置系统可靠性的计算方法和计算结果与设计人员的实践经验有相当大的关系。所以设计人员应当注意积累总结经验，提高可靠性设计水平。

(5) 系统集成度高。

高集成度的电子系统，必定具有电磁兼容性好、可靠性高、制造工艺简单、体积小、质量容易控制及性价比高等一系列优点，所以在设计电子系统时，应最大限度地提高集成度，这是设计电子系统必须遵循的重要原则。

（6）调试简便。

也就是在电子装置设计时，必须同时考虑电路的调试问题。若一个电路系统、电子装置调试烦琐、困难或调试点过多，则该系统的质量难以保证，无法达到设计要求。

（7）生产工艺简单。

生产工艺简单意味着以简单方式生产，成本低，质量易于控制。生产工艺是电子装置系统设计者应考虑的重要问题，无论是批量生产还是试制的样品，简单的生产工艺会对电路制作和调试带来很大的方便。

（8）操作简便。

操作简单方便是现代电子装置系统的重要特征，只有操作简便的电子产品才有生命力，才有市场。

（9）节能。

要求电子电路和电子系统效率高、耗电小。

（10）性价比高。

通常希望所设计的电子电路能同时符合上述各项要求，但有时会出现互相矛盾的情况。例如设计中有时会遇到这样的情况：如果要使耗电最小或体积最小，则成本升高，或可靠性差，或操作复杂。在遇到矛盾的情况下，应视具体情况抓住主要矛盾来解决问题。例如对于用市电即交流电网供电的电子设备，在电路的总功耗不大的情况下，功耗大小不是主要矛盾；而对于用微型电池供电的航天电子仪器而言，功耗大小则是主要矛盾之一。

在设计过程中应注意运用"代价交换"原则。所谓"代价交换"是指牺牲一种次要性能为代价换取另一种必备性能的提高。最普通和最容易理解的例子是研制经费与设备性能之间的交换。费用也是设备的性能，但不是技术性能，它和许多性能之间都有矛盾，牺牲一些次要性能或功能以降低价格，或者不惜代价取得必要的高性能。

6.1.2　电子装置设计的一般步骤

在设计一个电子电路系统时，首先必须明确系统的设计任务，根据任务进行方案选择，然后对方案中的各部分进行单元电路的设计、参数计算和元器件选择，最后将各部分连接在一起，画出一个符合设计要求的完整的系统电路图。一般来说要经过以下几个步骤。

1. 明确系统设计任务要求

对系统的设计任务进行具体分析，充分了解系统的性能、指标、内容及要求，以便明确系统应完成的任务。

2. 设计方案选择

1）方案原理的构想

一个复杂的系统需要进行原理方案的构思，也就是用什么原理来实现系统要求。因此，应对课题的任务、要求和条件进行仔细的分析与研究，找出其关键问题是什么，然后根据此关键问题提出实现的原理与方法，并画出其原理框图（即提出原理方案）。提出原理方案关系到设计全局，应广泛收集与查阅有关资料，广开思路，开动脑筋，利用已有的各种理论知识，提出尽可能多的方案，以便作出更合理的选择。所提方案必须对关键部分的可行性进行讨论，一般应通过试验加以确认。

原理方案提出后,必须对所提出的几种方案进行分析比较。在详细的总体方案尚未完成之前,只能就原理方案的简单与复杂、方案实现的难易程度进行分析比较,并作出初步的选择。如果有两种方案难以敲定,那么可对两种方案都进行后续阶段设计,直到得出两种方案的总体电路图,然后就性能、成本、体积等方面进行分析比较,才能最后确定下来。

2) 总体方案的确定

原理方案选定以后,便可着手进行总体方案的确定,原理方案只着眼于方案的原理,不涉及方案的许多细节,因此,原理方案框图中的每个框图也只是原理性的、粗略的,它可能由一个单元电路构成,亦可能由许多单元电路构成。为了把总体方案确定下来,必须把每一个框图进一步分解成若干个小框,每个小框为一个较简单的单元电路。当然,每个框图不宜分得太细,亦不能分得太粗,太细对选择不同的单元电路或元器件带来不利,并使单元电路之间的相互连接复杂化;但太粗将使单元电路本身功能过于复杂,不好进行设计或选择。总之,应从单元电路和单元之间连接的设计与选择出发,恰当地分解框图。

3. 单元电路设计

按已确定的总体方案框图,对各功能框分别设计或选择出满足其要求的单元电路。单元电路是整机中的一部分,只有把各个单元制作好才能提高整机性能。要明确本单元电路的任务,详细拟定单元电路的性能指标以及与前、后级之间的关系,分析电路的组成形式。具体制作时,可以模拟成熟的先进电路,也可以进行创新,但都必须保证性能要求。单元电路本身不仅要制作合理,各个单元之间也要互相配合,要注意各个部分的输入信号、输出信号以及控制信号之间的关系。

满足功能框要求的单元电路可能不止一个,因此必须进行分析比较,择优选择。

4. 参数计算

参数计算时,同一电路有可能的几组数据,要选择一组能完成要求功能、在实现中真正可行的参数。要注意:

(1) 元器件的工作电流、电压、频率和功耗等参数应能满足电路指标的要求;

(2) 元器件的极限参数必须留有裕量,一般应大于额定值的 1.5 倍;

(3) 电阻和电容的参数应选择计算值附近的标称值。

5. 器件选择

元器件的品种规格十分繁多,性能、价格和体积各异,而且新品种不断涌现,这就需要我们经常关心元器件信息和新动向,多查阅器件手册和有关的科技资料,尤其要熟悉一些常用的元器件型号、性能和价格,这对单元电路和总体电路设计极为有利。选择什么样的元器件最合适,需要进行分析比较。首先应考虑满足单元电路对元器件性能指标的要求,其次是考虑价格、货源和元器件体积等方面的要求。

(1) 阻容元件。电阻和电容种类很多,不同电路对电阻和电容性能的要求不一样,有些对电容的漏电要求很严,有些对电阻和电容性能、容量要求很高,例如,滤波电路中常用大容量($100\sim3000\mu F$)铝电解电容,为滤掉高频通常还需并联小容量($0.01\sim0.1\mu F$)瓷片电容。制作时要根据电路要求选择性能和参数合适的阻容元件,并要注意功耗、容量、频率和耐压范围是否满足要求。

(2) 分立元件。分立元件包括二极管、晶体三极管、场效应管、光电二(三)极管、晶闸管等。选择器件种类不同,其注意事项也不同,如选择三极管时,就要考虑是 PNP 还是 NPN,

是高频管还是低频管,是大功率管还是小功率管,并注意管子的参数 P_{CM}、I_{CM}、BV_{CEO}、I_{CBO}、β、F_T 和 F_β 是否满足制作指标要求。

(3) 集成元件。由于集成电路可以实现很多单位电路甚至是整机电路的功能,所以选用集成电路来设计单元电路和总体电路既方便又灵活,它不仅使系统体积缩小,而且性能可靠,便于调试及运用。但某些特殊情况,如:在高频、宽频带、高电压、大电流等场合,集成电路往往还不能适应,有时仍需采用分立元件。

集成电路有模拟集成电路和数字集成电路。集成电路的型号、原理、功能、特性可查阅有关手册。选择的集成电路不仅要在功能和特性上实现设计方案,而且要满足功耗、电压、速度、价格等多方面的要求。

设计的电路是否能满足设计要求,还必须通过组装、调试进行验证。

6. 电路图的绘制

为详细表示设计的整机电路及各单元电路的连接关系,设计时需绘制完整电路图。电路图通常是在系统框图、单元电路设计、参数计算和器件选择的基础上绘制的,它是组装、调试和维修的依据。绘制电路图时要注意以下几点:

(1) 布局合理,排列均匀,图片清晰,便于看图,有利于对图的理解和阅读。

有时一个总电路由几部分组成,绘图时应尽量把总电路图画在一张图纸上。如果电路比较复杂,需绘制几张图,则应把主电路画在同一张图纸上,而把一些比较独立和次要的部分画在另外的图纸上,并在图的断口两端做上标记,标出信号从一张图到另一张图的引出点和引入点,以此说明各图纸在电路连线之间的关系。有时为了强调并便于看清各单元电路的功能关系,每一个功能单元电路的元件应集中布置在一起,并尽量按工作顺序排列。

(2) 注意信号的流向,一般从输入端和信号源画起,由左至右或由上至下按信号的流向依次画出各单元电路,而反馈通路的信号流向则与此相反。

(3) 图形符号要标准,图中应加适当的标注。图形符号表示元器件的项目或概念。电路图中的中、大规模集成电路元器件一般用方框表示,在方框中标出它的型号,在方框的边缘标出每根线的功能名称和管脚号。除大规模器件外,其余元器件符号应当标准化。

(4) 连接线应为直线,并且交叉和折弯应最少。通常连接可以水平或垂直布置,一般不画斜线,互相连通的交叉除用圆点表示,根据需要,可以在连接线上加注信号名或其他标记,表示其功能或其去向。有的连线可用符号表示,例如,电源一般标电源电压的数值,地线用符号⏚表示。

7. 电子电路的调试

电子电路设计好后,便可进行调试。通常有以下两种调试电路的方法:第一种是采用边安装边调试的方法。把一个总电路按框图上的功能分成若干单元电路分别进行安装和调试,在完成各单元电路调试的基础上逐步扩大安装和调试的范围,最后完成整机调试。对于新设计的电路,此方法既便于调试,又可及时发现和解决问题。第二种方法是整个电路安装完毕,实行一次性调试。这种方法适于定型产品。调试时应注意做好调试记录,准确记录电路各部分的测试数据和波形,以便于分析和运行时参考。一般调试步骤如下:

(1) 通电前观察。电路安装完毕,首先直接观察电路各部分接线是否正确,检查电源、地线、信号线、元器件引脚之间有无短路,器件有无接错。

(2) 通电检查。接入电路所要求的电源电压,观察电路中各部分器件有无异常现象。

如果出现异常现象,则应立即关断电源,待排除故障后方可重新通电。

(3)单元电路调试。在调试单元电路时应明确本部分的调试要求,按要求测试性能指标和观察波形。调试顺序按信号的流向进行,这样可以把前面调试过的输出信号作为后一级的输入信号,为最后的整机联调创造条件。电路调试包括静态和动态调试,通过调试掌握必要的数据、波形、现象,然后对电路进行分析、判断,排除故障,完成调试要求。

(4)整机联调。各单元电路调试完成后就为整机调试打下了基础。整机联调时应观察各单元电路连接后各级之间的信号关系,主要观察动态结果,检查电路的性能和参数,分析测量的数据和波形是否符合设计要求,对发现的故障和问题及时采取处理措施。

6.2 电子装置设计实例

由上一节可知,电子电路的一般设计方法和步骤是:选择总体方案,设计单元电路,计算参数,选择元器件,画出总体电路图,进行组装与调试等。

由于电子电路种类繁多、千差万别,设计方法和步骤也因情况不同而各异,因而上述设计步骤需要交叉进行,有时甚至会出现反复。在设计时,应根据实际情况灵活掌握。

下面以两个设计实例来具体说明电子装置设计的一般方法与步骤。

6.2.1 实例 1:电子脉搏计的设计

1. 设计任务

设计一个电子脉搏计,要求实现在 15s 内测量 1min 的脉搏数,并且显示其数值。正常人的脉搏数为 60~80 次/min,婴儿为 90~100 次/min,老人为 100~150 次/min。

2. 总体方案

1)课题分析

电子脉搏计是用来测量一个人心脏跳动次数的电子仪器,也是心电图的主要组成部分。由给出的设计技术指标可知,脉搏计是用来测量频率较低的小信号的(传感器输出电压一般为几个毫伏),其基本功能是:

① 用传感器将脉搏的跳动转换为电压信号,并加以放大、整形和滤波。

② 在短时间内(15s 内)测出每分钟的脉搏数。

2)选择总体方案

满足上述设计功能的可实施方案很多,现给出下面两种方案。

(1)方案Ⅰ:原理框图如图 6-1 所示,图中各部分的作用如下:

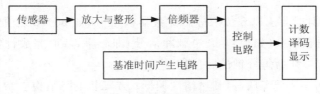

图 6-1 脉搏计方案Ⅰ

① 传感器:将脉搏跳动信号转换为相对应的电脉冲信号。

② 放大与整形:将传感器的微弱信号放大,整形除去杂散信号。

③ 倍频器：将整形后所得到的脉冲信号的频率提高。如将 15s 内传感器所获得的信号频率 4 倍频，即可得到对应一分钟的脉冲数，从而缩短测量时间。

④ 基准时间产生电路：产生短时间的控制信号，以控制测量时间。

⑤ 控制电路：用以保证在基准时间控制下，使 4 倍频后的脉冲信号送到计数、显示电路中。

⑥ 计数、译码、显示电路：用来读出脉搏数，并以十进制数的形式由数码管显示出来。

⑦ 电源电路：按电路要求提供符合要求的直流电源。

上述测量过程中，由于对脉冲进行了 4 倍频，计数时间也相应地缩短为原来的 1/4（15s），而数码管显示的数字却是 1min 的脉搏跳动次数。用这种方案测量的误差为 ±4 次/min，测量时间越短，误差也就越大。

（2）方案 Ⅱ：原理框图如图 6-2 所示。首先测出脉搏跳动 5 次所需的时间，然后再换算为每分钟脉搏跳动的次数，这种测量方法的误差小，可达 ±1 次/min。此方案的传感器、放大与整形、计数、译码、显示电路等部分与方案 Ⅰ 完全相同，其余部分的功能如下：

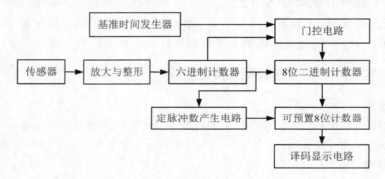

图 6-2　脉搏计方案 Ⅱ

① 六进制计数器：用来检测六个脉搏信号，产生五个脉冲周期的门控信号。

② 基准脉冲（时间）发生器：产生周期为 0.1s 的基准脉冲信号。

③ 门控电路：控制基准脉冲信号进入 8 位二进制计数器。

④ 8 位二进制计数器：对通过门控电路的基准脉冲进行计数，例如 5 个脉搏周期为 5s，即门打开 5s 的时间，让 0.1s 周期的基准脉冲信号进入 8 位二进制计数器，显然计数值为 50；反之，由它可相应求出 5 个脉冲周期的时间。

⑤ 定脉冲数产生电路：产生定脉冲数信号，如 3000 个脉冲送入可预置 8 位计数器输入端。

⑥ 可预置 8 位计数器：以 8 位二进制计数器输出值（如 50）作为预置数，对 3000 个脉冲进行分频，所得的脉冲数（如得到 60 个脉冲信号）即心率，从而完成计数值换成每分钟的脉搏次数，所得的结果即为每分钟的脉搏数。

方案 Ⅰ 结构简单，易于实现，但测量精度偏低；方案 Ⅱ 电路结构复杂，成本高，测量精度较高。根据设计要求，精度为 ±4 次/min，在满足设计要求的前提下，应尽量简化电路，降低成本，故选择方案 Ⅰ。

3. 单元电路设计

1) 放大与整形电路

如上所述,此部分电路的功能是由传感器将脉搏信号转换为电信号,一般为几十毫伏,必须加以放大,以达到整形电路所需的电压,一般为几伏。放大后的信号波形是不规则的脉冲信号,因此必须加以滤波整形,整形电路的输出电压应满足计数器的要求。所选放大整形电路框图如图 6-3 所示。

图 6-3 放大与整形电路框图

(1) 传感器:采用红外光电转换器,作用是通过红外光照射人手指的血脉流动情况,把脉搏跳动转换为电信号,其原理电路如图 6-4 所示。图中,红外线发光管采用 TLN104,接收三极管采用 TLP104。用+5V 电源供电,取 $R_1 = 500\Omega$,$R_2 = 10\mathrm{k}\Omega$。

(2) 放大电路:由于传感器输出电阻比较高,故放大电路采用了同相放大器,如图 6-5 所示,运放采用 LM324,电源电压±5V,放大电路的电压放大倍数为 10 倍左右,取 $R_4 = 100\mathrm{k}\Omega$,$R_5 = 910\mathrm{k}\Omega$,电位器 $R_3 = 10\mathrm{k}\Omega$,$C_1 = 100\mu\mathrm{F}$。

(3) 有源滤波电路:采用了二阶压控有源低通滤波电路,如图 6-6 所示,作用是把脉搏信号中的高频干扰信号去掉,同时把脉搏信号加以放大,考虑到去掉脉搏信号中的干扰尖脉冲,所以有源滤波电路的截止频率为 1kHz 左右。为使脉搏信号放大到整形电路所需的电压值,电压放大倍数选用 1.6 倍左右。

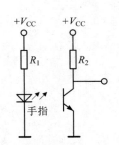

图 6-4 传感器信号电路

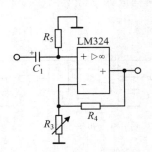

图 6-5 同相放大器电路

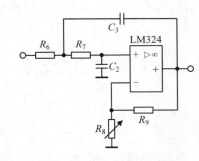

图 6-6 二阶有源滤波电路

(4) 整形电路:经过放大滤波后的脉搏信号仍是不规则的脉冲信号,且有低频干扰,仍不满足计数器的要求,必须采用整形电路,这里选用具有施密特特性的滞回电压比较器,如图 6-7 所示,其目的是提高抗干扰能力。其电路参数如下: $R_{10} = 5.1\mathrm{k}\Omega$,$R_{11} = 100\mathrm{k}\Omega$,$R_{12} = 5.1\mathrm{k}\Omega$。电源电压±5V。

(5) 电平转换电路:由比较器输出的脉冲信号是一个正负脉冲信号,不满足计数器要求的脉冲信号,故采用电平转换电路,见图 6-7。

由上述设计,放大与整形部分总体电路如图 6-8 所示。图中,$R_6 = R_7 = 1.6\mathrm{k}\Omega$,$R_8 = 15\mathrm{k}\Omega$,$R_9 = 9.1\mathrm{k}\Omega$,$C_2 = C_3 = 0.1\mu\mathrm{F}$。

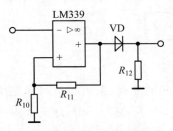

图 6-7 整形和电平转换电路

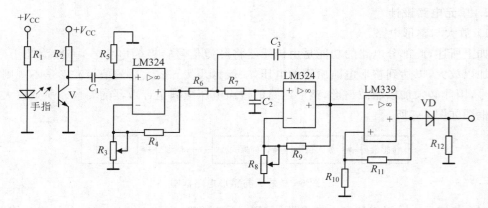

图 6-8　放大与整形部分电路

2）倍频电路

该电路的作用是对放大整形后的脉搏信号进行 4 倍频,以便在 15s 内测出 1min 内的人体脉搏跳动次数,从而缩短测量时间,提高诊断效率。

倍频电路的形式很多,如锁相倍频器、异或门倍频器等,由于锁相倍频器电路比较复杂,成本比较高,所以采用可满足设计要求的异或门组成的 4 倍频电路,如图 6-9 所示。G_1 和 G_2 构成二倍频电路,利用第一个异或门的延迟时间对第二个异或门产生作用,当输入由“0”变成“1”或由“1”变成“0”时,都会产生脉冲输出。电容器 C 的作用是增加延迟时间,从而加大输出脉冲宽度。根据实验结果选用 $C_4 = 33\mu F$,$R_{13} = 10k\Omega$,$R_{14} = 10k\Omega$,$C_5 = 6.8\mu F$,异或门选用 CC4070。由两个二倍频电路构成四倍频电路。

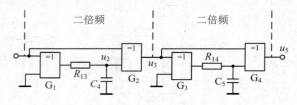

图 6-9　四倍频电路

3）基准时间产生电路

基准时间产生电路的功能是产生一个周期为 30s(即脉冲宽度为 15s)的脉冲信号,以控制在 15s 内完成一分钟的测量任务。实现这一功能的方案很多,例如可采用如图 6-10 的方案,该电路由秒脉冲发生器、十五分频电路和二分频电路组成。

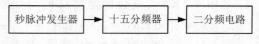

图 6-10　基准时间产生电路框图

（1）秒脉冲发生器电路如图 6-12 所示。为了保证基准时间的准确,采用石英晶体振荡电路,石英晶体的主频为 32.768kHz,反相器采用 CMOS 器件,R_{15} 可在 5～30MΩ 范围内选择,R_{16} 可在 10～150kΩ 范围内选择,振荡频率基本等于石英晶体的谐振频率,改变 C_7 的大小对振荡频率有微调的作用。这里取 $R_{15} = 5.1M\Omega$,$R_{16} = 51k\Omega$,$C_6 = 56pF$,$C_7 = 3～56pF$,

反相器利用了 CC4060 中的反相器,如图 6-11 和图 6-12 所示。选用 CC4060 14 位二进制计数器对 32.768kHz 进行 14 次二分频,产生一个频率为 2Hz 的脉冲信号,然后用双 D 触发器 CC4013 进行二分频得到周期为 1s 的脉冲信号。

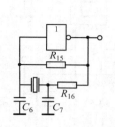

图 6-11 石英晶体振荡器

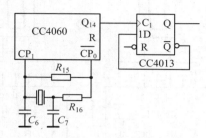

图 6-12 秒脉冲发生器

(2)十五分频和二分频器电路如图 6-13 所示,由 SN74161 组成十五进制计数器,进行十五分频,再用 CC4013 组成二分频电路,产生一个周期为 30s 的方波,即一个脉宽为 15s 的脉冲信号。

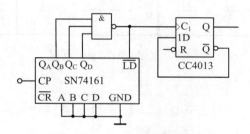

图 6-13 十五分频和二分频电路

基准时间产生部分的电路图如图 6-14 所示。

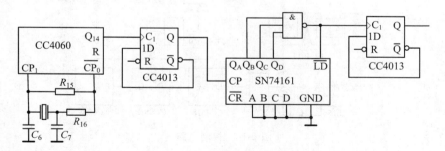

图 6-14 基准时间产生电路图

4)计数、译码、显示电路

该电路的功能是读出脉搏数,以十进制数形式用数码管显示出来,如图 6-15 所示。

因为人的脉搏数最高是 150 次/min,所以采用 3 位十进制计数器即可。该电路用双 BCD 同步十进制计数器 CC4518 构成 3 位十进制加法计数器,用 BCD-七段译码器 CC4511 译码,用七段数码管 LT547R 完成七段显示。

5)控制电路

控制电路的作用主要是控制脉搏信号经放大、整形、倍频后进入计数器的时间,另外还应具有为各部分电路清零等功能,如图 6-16 所示。

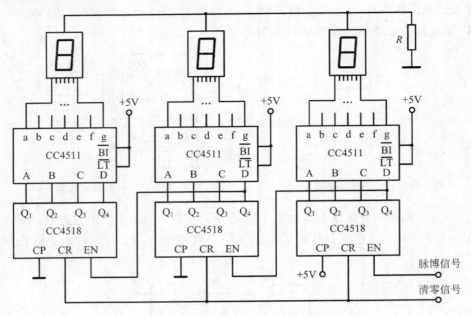

图 6-15　计数、译码、显示电路

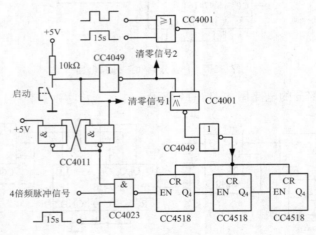

图 6-16　控制电路

4. 画总电路图

根据框图 6-1 和以上设计好的单元电路,可画出本例的总体电路,如图 6-17 所示。

5. 元器件的选择

从某种意义上讲,电子电路的设计就是选择最合适的元器件,并把它们最好地组合起来。因此在设计过程中经常遇到选择元器件的问题,不仅在设计单元电路和总体电路及计算参数时要考虑选哪些元器件合适,而且在提出方案、分析和比较方案的优缺点时,有时也需要考虑用哪些元器件以及它们的性价比如何等。合理选择元器件必须搞清两个问题:第一,根据具体问题和方案,需要哪些元器件,每个元器件应具有哪些功能和性能指标?第二,

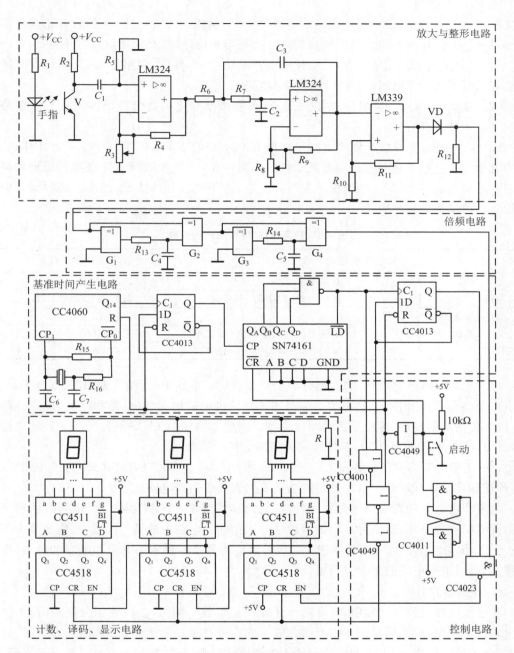

图 6-17 电子脉搏计的总体电路图

有哪些元器件实验室有,哪些在市场上能买到?性能如何,价格如何?体积多大?这就需要经常关心元器件的信息和新动向,多查资料。

一般优先选用集成电路。集成电路的应用越来越广泛,它不但减小了电子设备的体积、成本,提高了可靠性,安装、调试比较简单,而且大大简化了设计,使数字电路的设计非常方便。现在各种模拟集成电路的应用也使得放大器、稳压电源和其他一些模拟电路的设计比以前容易得多。例如:+5V 直流稳压电源的稳压电路,以前常用晶体管等分立元件构成串联式稳压电路,现在一般都用集成三端稳压器 7805 构成。二者相比,显然后者比前者简单得多,且成本低、体积小、重量轻、维修简单。选用集成电路时,必须注意以下几点:

(1) 应熟悉集成电路的品种和几种典型产品的型号、性能、价格等,以便在设计时能提出较好的方案,较快地设计出单元电路和总电路。

(2) 选择集成运放,应尽量选择"全国集成电路标准化委员会提出的优选集成电路系列"(集成运放)中的产品。

(3) 同一种功能的数字集成电路可能既有 CMOS 产品,又有 TTL 产品,而且 TTL 器件中有中速、高速、低功耗和肖特基低功耗等不同产品,CMOS 数字器件也有普通型和高速型两种不同产品,选用时一般情况可参考表 6-1。对于某些具体情况,设计者可根据它们的性能和特点灵活掌握。

表 6-1　选用 TTL 和 CMOS 的规则

对器件性能的要求		推荐选用的器件种类
工作频率	其他要求	产品种类
不高(例如 5MHz 以下)	使用方便、成本低、不易损坏	肖特基低功耗 TTL
高(例如 30MHz)		高速 TTL
较低(例如 1MHz 以下)	功耗小或输入电阻大,或抗干扰	普通 CMOS
较高	容限大,或高低电平一致性好	高速 CMOS

(4) CMOS 器件可以与 TTL 器件混合使用在同一电路中,为使二者的高、低电平兼容,CMOS 器件应尽量使用+5V 电源。但与用+15V 供电的情况相比,某些性能有所下降,例如,抗干扰的容限减小、传输延迟时间增长等。因此,必要时 CMOS 器件仍需+15V 电源供电,此时,CMOS 器件与 TTL 器件之间必须加电平转换电路。

(5) 集成电路的常用封装方式有三种,即扁平式、直立式和双列直插式,为便于安装、更换、调试和维修,一般情况下,应尽可能选用双列直插式集成电路。

电阻和电容是两种常用的分立元件,它们的种类很多,性能各异。阻值相同、品种不同的两种电阻或容量相同、品种不同的两种电容用在同一电路中的同一位置,可能效果大不一样;此外,价格和体积也可能相差很大。设计者应当熟悉各种常用电阻和电容的种类、性能和特点,以便根据电路的要求进行选择。

6. 计算参数

在电子电路的设计过程中,常常需要计算一些参数。例如,在设计积分电路时,不仅要求出电阻值和电容值,而且还要估算出集成运放的开环电压放大倍数、差模输入电阻、转换速率、输入偏置电流、输入失调电压和输入失调电流及温漂,才能根据计算结果选择元器件。至于计算参数的具体方法,主要在于正确运用在"模拟电子技术基础"和"数字电子技术基础"中已经学过的分析方法,搞清电路原理,灵活运用计算公式。对于一般情况,计算参数应注意以下几点:

(1) 各元器件的工作电压、电流、频率和功耗等应在允许的范围内,并留有适当裕量,以保证电路在规定的条件下能正常工作,达到所要求的性能指标。

(2) 对于环境温度、交流电网电压等工作条件,计算参数时应按最不利的情况考虑。

(3) 涉及元器件的极限参数(例如整流桥的耐压)时,必须留有足够的裕量,一般按 1.5

倍考虑。例如,如果实际电路中三极管 c、e 两端的电压 U_{CE} 的最大值为 20V,挑选三极管时应按 $U_{(BR)CEO} \geqslant 30V$ 考虑。

(4) 电阻值尽可能选在 1MΩ 范围内,最大一般不应超过 10MΩ,其数值应在常用电阻标称值系列之内,并根据具体情况正确选择电阻的品种。

(5) 非电解电容尽可能在 100pF ~ 0.1μF 范围内选择,其数值应在常用电容器标称值系列之内,并根据具体情况正确选择电容的品种。

(6) 在保证电路性能的前提下,尽可能设法降低成本,减少器件品种,减小元器件的功耗和体积,为安装调试创造有利条件。

(7) 应把计算确定的各参数值标在电路图的恰当位置。

由于本课题的元器件参数计算比较简单,在单元电路设计时已给出各分立元器件的参数。

6.2.2　实例 2:出租车计费器的设计

1. 设计任务

出租车自动计费器是根据客户用车的实际情况而自动计算、显示车费的数字表。数字表根据用车起步价、行车里程计费及等候时间计费三项显示客户用车总费用,打印单据,还可设置起步、停车的音乐提示或语言提示。具体要求如下:

(1) 具有行车里程计费、等候时间计费和起步费三部分,三项计费统一用 4 位数码管显示,最大金额为 99.99 元。

(2) 行车里程单价设为 1.80 元/km,等候时间计费设为 1.5 元/10 分钟,起步费设为 8.00 元。要求行车时,计费值每千米刷新一次,等候时每 10 分钟刷新一次,行车不到 1km 或等候不足 10 分钟则忽略计费。

(3) 在启动和停车时给出声音提示。

2. 设计方案

1) 方案 1:采用计数器电路为主实现自动计费

分别将行车里程、等候时间都按相同的比价转换成脉冲信号,然后对这些脉冲进行计数,而起价可以通过预置送入计数器作为初值,其原理框图如图 6-18 所示。

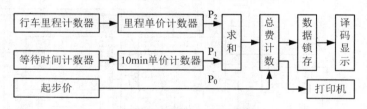

图 6-18　出租车计费器原理框图 I

每行车 1km,行车里程计数电路输出一个脉冲信号,启动行车单价计数器输出与单价对应的脉冲数,例如单价是 1.80 元/km,则设计一个一百八十进制计数器,每公里输出 180 个脉冲到总费计数器,即每个脉冲为 0.01 元。等候时间计数器将来自时钟电路的秒脉冲作六百进制计数,得到 10 分钟信号,用 10 分钟信号控制一个一百五十进制计数器,等候 10 分钟单价计数器,向总费计数器输入 150 个脉冲。这样,总费计数器根据起步价所置的初值,加上里程脉冲、等候时间脉冲即可得到总的用车费用。

上述方案中,如果将里程单价计数器和10分钟等候单价计数器用比例乘法器完成,则可以得到较简练的电路。它将里程脉冲乘以单价比例系数得到代表里程费用的脉冲信号,等候时间脉冲乘以单位时间的比例系数得到代表等候时间的时间费用脉冲,然后将这两部分脉冲求和。如果总费计数器采用BCD码加法器,即利用每计满1km的里程信号、每等候10分钟的时间信号控制加法器加上相应的单价值,就能计算出用车费用。

2) 方案2:采用单片机为主实现自动计费

单片机具有较强的计算功能,以8位MCS51系列的单片机89C51加上外围电路同样能方便地实现设计要求。电路框图如图6-19所示。

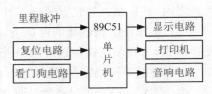

图6-19 出租车计费器原理框图 II

3) 方案3:采用VHDL编程,用FPGA/CPLD制作成"自动计费器"的专用集成电路芯片ASIC,加上少数外围电子元件,即能实现设计要求。

将各种方案进行比较,根据设计任务的要求、各方案的优缺点、设计制作所具备的条件,任选其中的一种方案作具体设计。本例作为传统电子设计方法实例,采用方案1实现。

3. 各单元电路设计

1) 里程计费电路设计

里程计费电路如图6-20所示。安装在与汽车轮相接的涡轮变速器上的磁铁使干簧继电器在汽车每前进10m闭合一次,即输出一个脉冲信号。汽车每前进1km则输出100个脉冲。此时,计费器应累加1km的计费单价,本电路设为1.80元。在图6-20中,干簧继电器产生的脉冲信号经施密特触发器整形得到 CP_0。CP_0 送入由两片74HC161构成的一百进制计数器,当计数器计满100个脉冲时,一方面使计数器清0,另一方面将基本RS触发器的 Q_1 置为1,使74HC161(3)和(4)组成的一百八十进制计数器开始对标准脉冲 CP_1 计数,计满180个脉冲后,使计数器清0。RS触发器复位为0,计数器停止计数。在一百八十进制计数器计数期间,由于 $Q_1=1$,则 $P_2=\overline{CP_1}$,使 P_2 端输出180个脉冲信号,代表每公里行车的里程计费,即每个脉冲的计费是0.01元,称为脉冲当量。

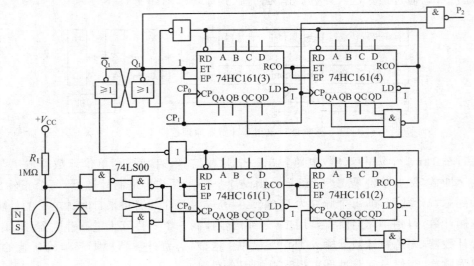

图6-20 里程计费电路

2）等候时间计费电路

等候时间计费电路如图 6-21 所示。

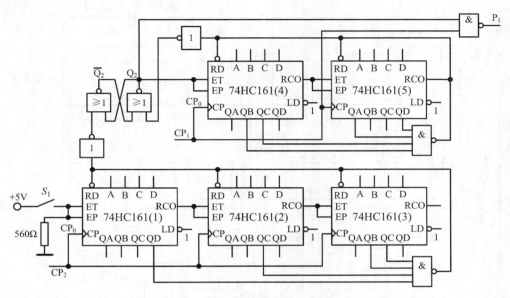

图 6-21 等候时间计费电路

由 74HC161（1）、（2）、（3）构成的六百进制计数器对秒脉冲 CP_2 作计数，当计满一个循环时也就是等候时间满 10 分钟。一方面对六百进制计数器清 0，另一方面将基本 RS 触发器置为 1，启动 74HC161（4）和（5）构成的一百五十进制计数器（10 分钟等候单价）开始计数，计数期间同时将脉冲从 P_1 输出。在计满 10 分钟等候单价时将 RS 触发器复位为 0，停止计数。从 P_1 输出的脉冲数就是每等候 10 分钟输出 150 个脉冲，表示单价为 1.50 元，即脉冲当量为 0.01 元，等候计时的起始信号由接在 74HC161（1）的手动开关给定。

3）计数、锁存、显示电路

电路如图 6-22 所示，其中计数器由 4 位 BCD 码计数器 74LS160 构成，对来自里程计费电路的脉冲 P_2 和来自等候时间的计费脉冲 P_1 进行十进制计数。计数器所得到的状态值送入由 2 片 8 位锁存器 74LS273 构成的锁存电路锁存，然后由七段译码器 74LS48 译码后送到共阴数码管显示。

计数、译码、显示电路为使显示数码不闪烁，需要保证计数、锁存和计数器清零信号之间正确的时序关系，如图 6-23 所示。

由图 6-23 的时序结合图 6-22 的电路可见，在 Q_2 或 Q_1 为高电平 1 期间，计数器对里程脉冲 P_2 或等候时间脉冲 P_1 进行计数，当计数完 1km 脉冲（或等候 10 分钟脉冲）则计数结束。现在应将计数器的数据锁存到 74LS273 中以便进行译码显示，锁存信号由 74LS123（1）构成的单稳态电路实现，当 Q_1 或 Q_2 由 1 变 0 时启动单稳电路延时而产生一个正脉冲，这个正脉冲的持续时间保证数据锁存可靠。锁存到 74LS273 中的数据由 74LS48 译码后，在显示器中显示出来。只有在数据可靠锁存后才能清除计数器中的数据。因此，电路中用 74LS123（2）设置了第二级单稳电路，该单稳电路用第一级单稳输出脉冲的下跳沿启动，经

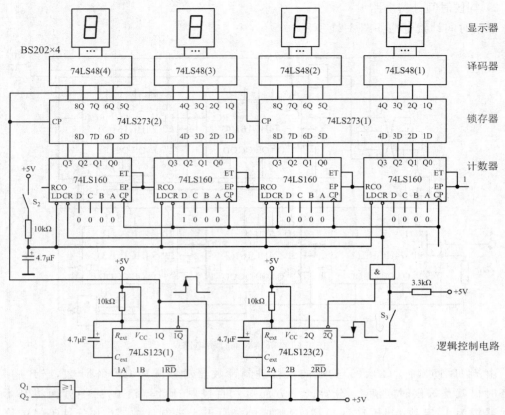

图 6-22　计数、锁存、显示电路

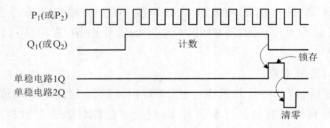

图 6-23　计数、锁存、清零信号的时序图

延时后第二级单稳的输出产生计数器的清零信号。这样就保证了"计数—锁存—清零"的先后顺序,保证计数和显示的稳定可靠。图中的 S_2 为上电开关,能实现上电时自动置入起步价目,S_3 可实现手动清零,使计费显示为 00.00。其中,小数点为固定位置。

4) 时钟电路

时钟电路提供等候时间计费的计时基准信号,同时作为里程计费和等候时间计费的单价脉冲源,电路如图 6-24 所示。

在图 6-24 中,555 定时器产生 1kHz 的矩形波信号,经 74LS90 组成的 3 级十分频后,得到 1Hz 的脉冲信号,可作为计时的基准信号。同时,可选择经分频得到的 500Hz 脉冲作为 CP_1 的计数脉冲。也可采用频率稳定度更高的石英晶体振荡器。

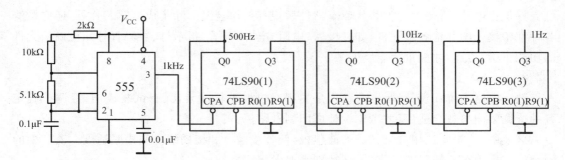

图 6-24　时钟电路

5）置位电路和脉冲产生电路的设计

在数字电路的设计中，常常还需要产生置位、复位的信号，如 SD、RD。这类信号分高电平有效、低电平有效两种。由于实际电路在接通电源瞬间的状态往往是随机的，需要通过电路自动产生置位、复位电平使之进入预定的初始状态，如前面设计中的图 6-22，其中 S_2 就是通过上电实现计数器的数据预置。图 6-25 示出了几种上电自动置位、复位或置数的电路。

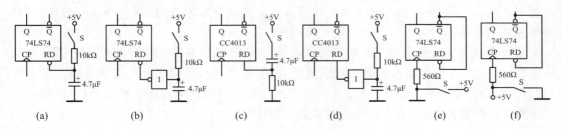

图 6-25　开机置位、复位和置数命令产生电路

在图 6-25（a）中，当 S 接通电源时，由于电容 C 两端电压不能突变仍为零，使 RD 为 0，产生 Q 置 0 的信号。此后，C 被充电使 C 两端的电压上升到 RD 为 1 时，D 触发器进入计数状态。图 6-25（b）则由于非门对开关产生的信号进行了整形而得到更好的负跳变波形。图 6-25（c）和图 6-25（d）中的 CC4013 是 CMOS 双 D 触发器，这类电路置位和复位信号是高电平有效，由于开关闭合时电容可视为短路而产生高电平，使 RD=1，Q=0，若将此信号加到 SD，则 SD=1，Q=1；置位、复位过后，电容充电而使 RD（SD）变为 0，电路可进入计数状态。图 6-25（e）是用开关电路产生点动脉冲，每按一次开关产生一个正脉冲，使触发器构成的计数器计数 1 次；图 6-25（f）是用开关电路产生负脉冲，每按一次开关产生一个负脉冲。

4. 电路的安装与调试

数字电路系统的设计完成后，一个重要的步骤是安装调试。这一步是对设计内容的检验，也是设计修改的实践过程，是理论知识和实践知识综合应用的重要环节。安装调试的目标是使设计电路满足设计的功能和性能指标，并且具有系统要求的可靠性、稳定性、抗干扰能力。这里简要叙述安装调试数字电路的几个步骤。

1）检测电路元件

最主要的电路元件是集成电路，常用的检测方法是用仪器测量、用电路实验或用替代方法接入已知的电路中。集成电路的检测仪器主要用集成电路测试仪，还可用数字电压表作简易测量。实验电路则模拟现场应用环境测试集成芯片的功能。替代法测试必须具备已有的完好工作电路,将待测元件替代原有器件后观察工作情况。除集成电路芯片外,还应检测各种准备接入的其他各种元件,如三极管、电阻、电容、开关、指示灯、数码管等。应确信元件的功能正确、可靠,才能进入电路安装。

2) 电路安装

数字电路系统在设计调试中,往往是先用面包板进行试装,只有试装成功,经调试确定各种待调整的参数合适后,才考虑设计成印制电路。

试装中,首先要选用质量较好的面包板,使各接插点和接插线之间松紧适度。安装中的问题往往集中在接插线的可靠性上,特别需要引起注意。

安装的顺序一般是按照信号流向的顺序,先单元后系统、边安装边测试的原则进行。先安装调试单元电路或子系统,在确定各单元电路或子系统成功的基础上,逐步扩大电路的规模。各单元电路的信号连接线最好有标记,如用特别颜色的线,以便能方便断开进行测试。

3) 系统调试

系统调试是将安装测试成功的各单元连接起来,加上输入信号进行调试,发现问题则先对故障进行定位,找出问题所在的单元电路。一般采用故障现象估测法(根据故障情况估计问题所在位置)、对分法(将故障大致所在部分的电路对分成两部分,逐一查找)、对比法(将类型相同的电路部分进行对比或对换位置)等。

系统测试一般分静态测试和动态测试。静态测试时,在各输入端加入不同电平值,加高电平(一般接 1kΩ 以上电阻到电源)、低电平(一般接地)后,用数字万用表测量电路各主要点的电位,分析是否满足设计要求。动态测试时,在各输入端接入规定的脉冲信号,用示波器观察各点的波形,分析它们之间的逻辑关系和延时。

除了调试电路的正常工作状态外,另外特别要注意调试初始状态、系统清零、预置等功能,检查相应的开关、按键、拨盘是否可靠,手感是否正常。

5. 电路图的绘制

在完成系统的电路安装调试后,可在上述的系统框图、单元电路设计、参数计算和器件选择的基础上绘制出整个系统的电路图。读者可以自己试着绘制完整的电路图。

6.3 电子装置设计备选课题

6.3.1 多种波形发生器

1. 设计任务

(1) 波形的产生及变换电路是应用极为广泛的电子电路,用中、小规模集成芯片设计并制作产生方波、三角波和正弦波等多种波形信号输出的波形发生器。可采用正弦波振荡器或多谐振荡器来实现,其原理框图分别如图 6-26 和图 6-27 所示。

(2) 设计电路所需的直流稳压电源。

2. 功能要求

(1) 输出波形工作频率范围为 0.02Hz～20kHz,且连续可调;

(2) 正弦波幅值±10V,失真度小于 1.5%;

(3) 方波幅值±10V;

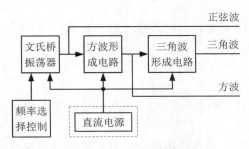

图 6-26 用正弦波振荡器实现

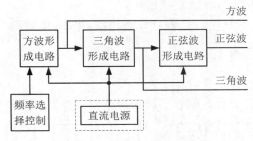

图 6-27 用多谐振荡器实现

(4) 三角波峰-峰值 20V,各种输出波形幅值均连续可调。

3. 设计要求

(1) 分析设计要求,明确性能指标。构思出各种总体方案,绘制结构框图。

(2) 确定合理的总体方案。对各种方案进行比较,根据电路的先进性、结构的繁简,并考虑器件的来源,敲定可行方案。

(3) 设计各单元电路。总体方案化整为零,分解成若干子系统或单元电路,逐个设计。

(4) 组成系统。在一定幅面的图纸上合理布局,通常是按信号的流向采用左进右出的规律摆放各电路,并标出必要的说明。

主要参考元器件有: 5G8038 一片,5G353×2 片,电阻、电容若干。

6.3.2 双工对讲机

1. 设计任务

(1) 采用集成运放和集成功率放大器以及电阻、电容,实现甲、乙双方异地有线通话对讲机的设计。用话筒和扬声器,双向对讲。其原理框图如图 6-28 所示。

(2) 设计电路所需的直流稳压电源(即＋9V 电源)。

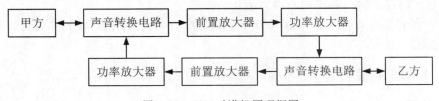

图 6-28 双工对讲机原理框图

2．功能要求

（1）用扬声器兼作话筒和喇叭，双向对讲，互不影响；

（2）对讲距离 30～500m；

（3）电源电压为 9V，$P_o \leqslant 0.5W$。

3．设计要求

（1）进行总体方案设计，选择电路方案，画出系统原理框图；

（2）进行单元电路设计；

（3）计算电路元件参数与元件选择，用 CAD 软件画电路图并仿真；

（4）画出总体电路图，阐述基本原理；

（5）列写元器件明细表，写设计总结报告。

主要参考元器件有：BH4100×2 片，8Ω 扬声器，电阻、电容若干。

6.3.3　多路遥控器

1．设计任务

用中、小规模集成芯片设计并制作多路家用电器遥控器，原理框图如图 6-29 所示。

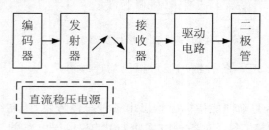

图 6-29　多路遥控器原理框图

2．功能要求

（1）最少可实现 6 路遥控；

（2）遥控距离 5～10m；

（3）自制直流稳压电源。

3．设计要求

（1）设计编码解码基本电路；

（2）设计 315MHz 的 RF 基本电路；

（3）用示波器等仪器仪表观测信号；

（4）计算电路有关参数；

（5）分析电路中各应用单元电路和元器件的特点及作用；

（6）写出焊接、装配、调试的心得体会。

主要参考元器件有：LC2190，CX20106，LC2200，9013，继电器，发光二极管，二极管、电阻、电容若干。

6.3.4　防盗报警器

1．设计任务

（1）用中、小规模集成芯片设计并制作一台防盗报警器，适用于住宅、仓库、办公楼等地,原理框图如图 6-30 所示。

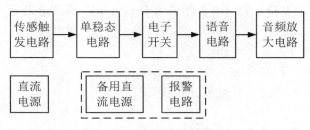

图 6-30　防盗报警器原理框图

(2) 设计本报警器所需的直流稳压电源。

2. 功能要求

(1) 要求一旦出现偷盗,用指示灯显示并发出声响报警;

(2) 设置不间断电源,当电网停电时,备用直流电源自动转换供电;

(3) 防盗数可根据需要任意扩展;

(4) 本报警器可用于医院住院病人有线"呼叫"。

3. 设计要求

(1) 进行总体方案设计,方案选择与论证,画出系统原理框图;

(2) 电源、控制、报警等单元电路设计;

(3) 计算电路元件参数与元件选择;

(4) 画出总体电路图,阐述基本原理;

(5) 列写元器件明细表,写出设计收获与体会。

主要参考元器件有:NE555,LQ46,LM386N,TWH8778,扬声器、二极管、电阻、电容若干。

6.3.5　低频功率放大器

1. 设计任务

用中、小规模集成芯片设计并制作将弱信号放大的低频放大器,原理框图如图 6-31 所示。

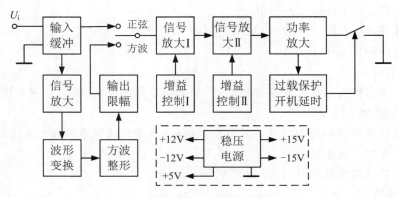

图 6-31　低频功率放大器原理框图

2. 功能要求

（1）在放大器的正弦信号输入电压幅值为 5～700mV，等效电阻 R_L 为 8Ω 条件下，放大通道应满足：

① 额定输出功率 P_{ON}≥10W；

② 带宽 BW≥50～10000Hz；

③ 在 P_{ON} 下和 BW 内的非线性失真系数≤3%；

④ 在 P_{ON} 下的效率≥55%；

⑤ 在前置放大级输入端交流短接到地时，R_L＝8Ω 上的交流噪声功率≤10mW。

（2）由外供正弦信号源经变换电路产生正、负极性的对称方波；频率为 1000Hz，上升和下降时间≤1μs，峰-峰值电压为 200mV。

3. 设计要求

（1）根据设计要求和已知条件，确定波形转换电路、前置放大电路、功率放大电路和直流稳压电源设计的方案，计算和选取单元电路的元件参数；

（2）用 Multisim 软件进行电路仿真，测试设计主要参数；

（3）画出总体电路图，阐述基本原理；

（4）列写元器件明细表，写出设计收获与体会。

主要参考元器件有：LM1875，NE5532N，74LS04，二极管、电阻、电容若干。

6.3.6 短波调频接收机

1. 设计任务

用中、小规模集成芯片设计并制作一台短波调频接收机，其原理框图如图 6-32 所示。

2. 功能要求

1）基本部分

（1）接收频率（f_o）范围：8～10MHz。

（2）接收信号为 20～1000Hz 音频调频信号，频偏为 3kHz。

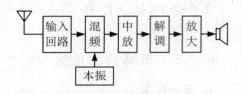

图 6-32 短波调频接收机原理框图

（3）最大不失真输出功率≥100mW（8Ω）。

（4）接收灵敏度≤5mV。

（5）通频带：f_o±4kHz 为 -3dB。

（6）选择性：f_o±10kHz 为 -30dB。

（7）镜像抑制比不小于 20dB。

2）发挥部分

（1）可实现多种自动程控频率搜索模式（如全频率范围搜索、特定频率范围内搜索等），全频率范围搜索时间≤2min。

（2）能显示接收频率范围内的调频电台载频值，显示载波频率的误差≤±5kHz。

（3）进一步提高灵敏度。

（4）可存储已搜索到的电台，存台数不小于 20 个。

3. 设计要求

（1）方案设计与论证；

（2）理论分析与计算；

（3）画出总体电路图；

（4）测试方法与数据，对测试结果的分析；

（5）列写元器件明细表，写出设计与总结报告。

主要参考元器件有：短波收音机套件，MC145152，MB1504，LM386，MC3362，MC3361，中周、电感、电阻、电容若干。

6.3.7　多功能数字钟

1. 设计任务

用中、小规模集成芯片设计并制作多功能数字钟，系统组成框图如图 6-33 所示。它由振荡器、分频器、计数器、译码显示等部分组成，同时具有校时电路进行时间校准。本电路中除振荡器和音响电路外，其余部分也可通过一片可编程逻辑器件实现。

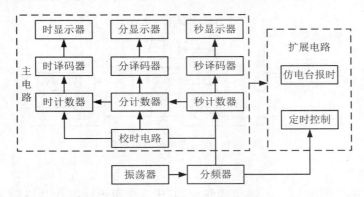

图 6-33　多功能数字钟系统组成框图

石英晶体振荡器产生的标准信号送入分频器，分频器将时基信号分频为每秒一次的方波作为秒信号送入计数器进行计数，并把累计的结果以"时"、"分"、"秒"的数字显示出来，其中"秒"和"分"的显示可分别由两级计数器和译码器组成的 60 进制计数器实现，"时"的显示则由两级计数器和译码器组成的 24 进制计数电路实现。

校时电路在刚接通电源或钟表走时出现误差时进行时间校准。校时电路可通过两只功能键进行操作，即工作状态选择键 P_1 和校时键 P_2 配合操作完成计时和校时功能。当按动 P_1 键时，系统可选择计时、校时、校分、校秒等四种工作状态。连续按动 P_1 键时，系统按上述顺序循环选择（通过顺序脉冲发生器实现）。当系统处于后三种状态时（即系统处于校时状态下），再次按下 P_2 键，则系统以 2Hz 的速率分别实现各种校准。各种校准必须互不影响，即在校时状态下，各计时器间的进位信号不允许传送。当 P_2 键释放，校时就停止。按动 P_1 键，使系统返回计时状态时，重新开始计时。

2. 功能要求

（1）准确计时，以数字形式显示时（00～23）、分（00～59）、秒（00～59）的时间；

（2）具有校时功能；

（3）仿电台整点报时；

（4）定时控制，在 24h 内以 5min 为单位，根据需要在若干个预定时刻（可按照作息时间表安排)发出信号并驱动音响电路进行"闹时"。

3. 设计要求

(1) 确定设计方案,按功能模块的划分选择元器件和中小规模集成电路;

(2) 设计单元电路,画出总体电路原理图,阐述基本原理;

(3) 完成电路的仿真、测试及分析;

(4) 列写元器件明细表,写出设计与总结报告。

主要参考元器件有:晶振(32768Hz),74LS90,74LS48,74LS92,555,BS202,8Ω 扬声器,电阻、电容若干。

6.3.8　九位按键数字密码锁

1. 设计任务

用中、小规模集成芯片设计制作九位按键数字密码锁电路,原理框图如图 6-34 所示。

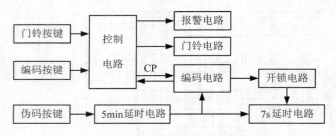

图 6-34　数字密码锁原理框图

2. 功能要求

(1) 编码按钮分别为 1,2,…,9 九个按键,其中 5 个密码键,4 个伪码键。

(2) 用发光二极管作为输出指示灯,灯亮代表锁"开",暗为"不开"。

(3) 设计开锁密码,并按此密码设计电路。密码可以是 1~9 位数。若按动的开锁密码正确,发光二极管变亮,表示电子锁打开。并在开锁 7s 后,电路恢复初始状态。

(4) 该电路应具有防盗功能,密码顺序不对或密码有误时系统自动复位;若按错 4 个伪码键中任何一个,电路将被封锁 5min。

(5) 防盗报警功能。密码顺序不对或密码有误时系统自动复位。如果开锁时间超过 5min,则蜂鸣器发出 1kHz 频率信号报警。

(6) 设计门铃电路,按动门铃按钮,发出 500Hz 的频率信号或音乐信号,可使编码电路清零,同时可解除报警。

3. 设计要求

(1) 进行总体方案设计与论证;

(2) 单元电路设计、参数计算及元器件选择;

(3) 安装与调试,性能测试与分析;

(4) 绘制总原理图并列写元器件清单;

(5) 撰写设计总结报告。

主要参考元器件有:CC4017,9013,8050,1N4148,555,BS202,蜂鸣器,电阻、电容若干。

6.3.9 投币电话控制器

1. 设计任务

用中、小规模集成芯片设计并制作一个投币电话控制器。投币电话的特点是：操作简单，只需拿起话筒，投入一次通话硬币，即可接通电话，通话时间为 3min，系统原理框图如图 6-35 所示。

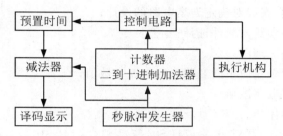

图 6-35 投币电话控制器原理框图

2. 功能要求

(1) 通话时间规定为 3min，即每投入一次通话硬币可通话一个计时单元(3min)。

(2) 在通话开始时，以绿灯提示。通话结束前 20s，应以红灯提醒通话者注意时间，并开始用数字显示通话剩余时间，每通话 1s，数字自动减 1。

(3) 数字显示为零之前，如不再投币，电话将自动切断，控制器停止工作；如继续投币，通话仍可继续。

3. 设计要求

(1) 课题分析，总体方案设计；

(2) 单元电路设计、参数计算及元器件选择，

(3) 电路仿真与调试，性能测试与分析；

(4) 绘制总电路原理图并列写元器件清单；

(5) 撰写设计体会。

主要参考元器件有：CD7555×2 片，CD4518 一片，CD4510×2 片，CD4511×2 片，CD4017 一片，发光二极管 2 只，电阻、电容若干。

6.3.10 简易电子琴

1. 设计任务

用中、小规模集成芯片设计并制作一架简易电子琴，原理框图如图 6-36 所示。

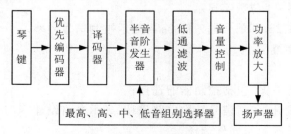

图 6-36 简易电子琴原理框图

2. 功能要求

设计可程控的 12 个半音产生电路,要求具有小字组、小字一组、小字二组、小字三组的 4 组音阶。应设计的单元电路有:①琴键单元;②优先编码系统;③译码系统;④程控半音音阶发生器;⑤最高(小字三组)、高(小字二组)、中(小字一组)、低(小字组)音阶选择器;⑥低通滤波器;⑦音量控制器;⑧功率放大器;⑨扬声器。

3. 设计要求

(1) 选择电路方案,完成对确定方案电路的设计;

(2) 计算电路元件参数与元件选择;

(3) 画出总体电路原理图;

(4) 安装、调试,记录对应不同音阶时的电路参数值;

(5) 用示波器观察振荡波形;

(6) 写出设计心得体会。

主要参考元器件有:琴键开关,74LS04,74LS148,74LS10,74LS138,CC4051B,555,DG4100,μA741。

6.3.11 数字频率计

1. 设计任务

用中、小规模集成芯片设计制作测量方波频率的数字频率计,原理框图如图 6-37 所示。

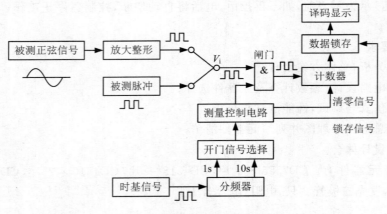

图 6-37 数字频率计原理框图

2. 功能要求

(1) 频率测量范围:1Hz~10kHz;

(2) 数字显示位数:4 位数字显示;

(3) 测量时间:$t \leqslant 2s$,即信号输入后 2s 内显示被测信号频率;

(4) 被测信号幅度范围:0.5~5V。

3. 设计要求

(1) 确定系统设计方案,包括控制器的选择;

(2) 单元电路的设计,包括信号转换电路设计、显示电路设计等;

(3) 计算电路元件参数与元件选择;

(4) 用 Multisim 软件进行电路仿真;

(5) 完成系统总电路图,并用 Altium Designer 软件绘制;

(6) 撰写设计说明书。

主要参考元器件有:晶振(32768Hz),CC4060,74LS160,CC40160,74LS75,74LS47,F741,数码管等。

6.3.12　数字式电容测量仪

1. 设计任务

用中、小规模集成芯片设计制作电容测量仪,原理框图如图 6-38 所示。框图中的外接电容是定时电路中的一部分。当外接电容的容量不同时,与定时电路所对应的时间也有所不同,即 $C=f(t)$,而时间与脉冲数目成正比,脉冲数目可以通过计数译码获得。

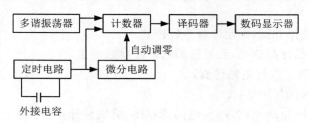

图 6-38　电容测量仪原理框图

2. 功能要求

(1) 被测电容的容量在 $0.01\sim100\mu F$ 范围内;

(2) 设计两挡测量量程;

(3) 用 3 位数码管显示测量结果,测量误差小于 20%;

(4) 自制直流稳压电源。

3. 设计要求

(1) 确定系统设计方案,包括方案设计与论证;

(2) 单元电路的设计与选择,包括测量电路、计数电路、显示电路的设计等;

(3) 计算电路元件参数与元件选择;

(4) 用 Proteus 软件进行电路仿真;

(5) 完成系统总电路图,并用 Altium Designer 软件绘制;

(6) 列写元器件清单并撰写心得体会。

主要参考元器件有:LED 数码管,555 定时器,74LS04,74LS08,74LS48,74LS74,74LS160,74LS161,74LS273,电阻、电容若干。

6.3.13　住院病人传呼器

1. 设计任务

用中、小规模集成芯片设计并制作一种无线传呼器,供医院住院病人传呼医护人员使用,原理框图如图 6-39 所示。

2. 功能要求

(1) 一旦有病人发出传呼信号,医护人员值班室设置的显示器即显示出该病人的床位

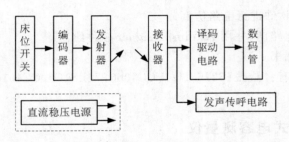

图 6-39　住院病人传呼器原理框图

编号,并且扬声器发出声响提示值班人员;

（2）住院病人通过按动自己的床位按钮开关向医护人员发出传呼信号;

（3）自制直流稳压电源。

3．设计要求

（1）分析要求,选择方案,确定原理方框图;

（2）单元电路的设计与选择,元器件的选择及参数确定;

（3）用 Proteus 软件进行电路仿真;

（4）电路安装、调试与测试;

（5）用 Altium Designer 软件绘制电路原理图,完成设计报告。

主要参考元器件有:MT8870,LD4543,7806,共阴极数码管,三极管、二极管、电阻、电容若干。

6.3.14　乒乓球比赛模拟机

1．设计任务

乒乓球比赛是由参赛的甲、乙双方,加上裁判的三人游戏（也可以不用裁判）,乒乓球比赛模拟机是用发光二极管（LED）模拟乒乓球运动轨迹的电子游戏机,其原理框图如图 6-40 所示。

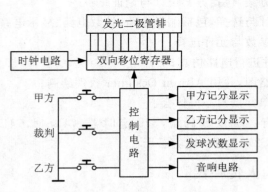

图 6-40　乒乓球比赛模拟机框图

2．功能要求

（1）至少用 8 个 LED 排成直线,以中点为界,两边各代表参赛双方的位置,其中一个点亮的 LED（乒乓球）依次从左到右,或从由到左移动,"球"的移动速度能由时钟电路调节;

（2）当球（被点亮的那只 LED）移动到某方的最后一位时，参赛者应该果断按下自己的按钮使"球"转向，即表示启动球拍击中，若行动迟缓或超前，表示未击中或违规，则对方得一分。

（3）设计自动记分电路，甲、乙双方各用一位数码管显示得分，每记满9分为一局。

3. 设计要求

（1）画出总体设计框图，以说明乒乓球比赛游戏机由哪些相对独立的功能模块组成，标出各个模块之间的相互联系，时钟信号传输路径、方向和频率变化，加上文字说明；

（2）设计各个功能模块的电路图，加上原理说明；

（3）采用 Multisim 电路仿真设计软件，完成电路的设计及仿真调试；

（4）电路安装、调试与测试；

（5）绘制电路原理图，完成设计报告。

主要参考元器件有：74LS86，74LS00，74LS04，74LS09，74LS161，4LS194，74LS48，七段数码管，555 定时器，开关，电阻、电容若干。

6.3.15 十字路口交通管理控制器

1. 设计任务

在主、支道路的十字路口分别设置三色灯控制器，红灯亮禁止通行，绿灯亮允许通行，黄灯亮要求压线车辆快速穿越。根据车流状况不同，可调整三色灯点亮或关闭时间。系统原理框图如图 6-41 所示。

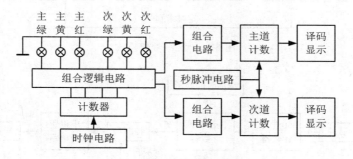

图 6-41 交通管理控制器框图

2. 功能要求

（1）自制直流稳压电源；

（2）主道路绿、黄、红灯亮的时间分别为 60s、5s、25s；次道路绿、黄、红灯亮的时间分别为 20s、5s、65s；

（3）主、次道路时间指示采用倒计时制，用 2 位数码管显示；

（4）时序关系应该符合图 6-42 所示的要求。

3. 设计要求

（1）熟悉十字路口交通管理控制器的设计原理，给出设计总体方案；

（2）单元电路的设计，元器件的选择及参数计算；

（3）总电路设计以及 Multisim 软件仿真和调试；

（4）用 Altium Designer 软件绘制电路原理图；

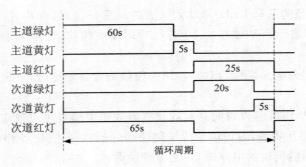

图 6-42　时序关系图

（5）列出元器件清单，撰写总结及体会。

主要参考元器件有：74LS192，74LS248，74LS139，74LS37S，74LS00，74LS04，555 定时器，七段数码管，红、黄、绿三色 LED，电阻、电容若干。

6.3.16　洗衣机控制器

1. 设计任务

设计并制作洗衣机控制器。洗衣机的洗涤常规模式如图 6-43 所示，洗衣机控制器原理框图如图 6-44 所示。

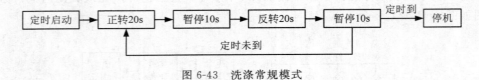

图 6-43　洗涤常规模式

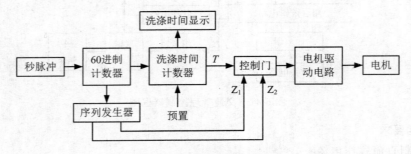

图 6-44　洗衣机控制器框图

2. 功能要求

1）基本部分

（1）设电机用 J_1、J_2 两个继电器控制，控制逻辑如表 6-2 所示，参考驱动电路如图 6-45 所示。洗涤时间在 20min 内由用户自行设定。

（2）用两位数码管显示洗涤的预置时间（以分钟为单位），按倒计时方式对洗涤过程作计时显示，直到时间到而停机。

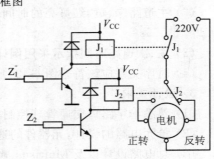

图 6-45　参考驱动电路

表 6-2　控制逻辑(一)

Z_1	Z_2	J_1	J_2	电机
0	0	不动	不动	停止
0	1	不动	动作	停止
1	0	动作	不动	反转
1	1	动作	动作	正转

(3) 当定时时间达到终点时,一方面使电机停机,同时发出音响信号提醒用户注意。

2) 发挥部分

(1) 电机驱动电路采用无触点的双向可控硅,电流和耐压不低于 1A/400V;

(2) 增加洗涤轻柔模式(如图 6-46 所示)。

图 6-46　洗涤轻柔模式

3. 设计要求

(1) 设计总体思路,基本原理,给出整体设计框图;

(2) 单元电路设计(各单元电路图),元器件的选择及参数计算;

(3) 总电路设计以及 Multisim 软件仿真,验证所设计的电路;

(4) 用 Altium Designer 软件绘制电路原理图;

(5) 列出元器件清单,写出总结及体会。

主要参考元器件有:74HC190/192,CD4511,74HC160/161,74HC138/139,74HC00/02/08,S8050/8550,LED,点触开关,蜂鸣器,电阻、电容若干。

6.3.17　液体点滴速度监控装置

1. 设计任务

设计并制作类似医用点滴速度自动控制装置。医用点滴速度自动控制装置如图 6-47 所示。首先在漏斗处设置一个由红外发射、接收对管构成的传感器,将点滴信号非电量转换成电脉冲信号。用计数器检测两滴之间的时间,该时间作为存储器 EPROM 的地址码,与地址码对应单元内存入点滴速度的数据 B(滴/min),该数据 B 与预置值 A 进行比较,根据比较结果 A>B、A<B、A=B 三种情况控制电机的转向使吊瓶作上升、下降、停止的动作,从而调整点滴速度,直到实测数据 B 和预置数据 A 相等时为止,如表 6-3 所示。液体点滴速度监控装置原理框图如图 6-48 所示。

表 6-3　控制逻辑(二)

输入		比较器输出			电机动作	吊瓶动作
"A"	"B"	A>B	A<B	A=B		
大	小	1	0	0	正转	上升
小	大	0	1	0	反转	下降
相	等	0	0	1	断电	停止

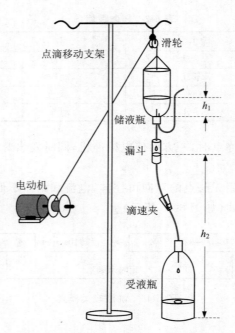

图 6-47 医用点滴速度自动控制装置

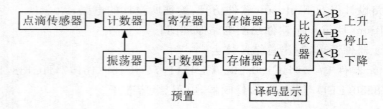

图 6-48 液体点滴速度监控装置框图

2. 功能要求

1）基本部分

（1）设计一个光电传感器，置于一次性输液器的漏斗外边；

（2）检测点滴速度，并与预定速度值比较，调整吊瓶高度，使点滴速度能够稳定在预定速度值；

（3）自动调整吊瓶时间小于 3min，误差范围为预定速度值的±10%；

（4）点滴设定范围 20～160 滴/min。

2）发挥部分

（1）吊瓶中的液体高度尚存 2～3cm 时能发出报警声音；

（2）液体停滴时，能发出报警声音。

3. 设计要求

（1）设计总体思路，基本原理，给出整体设计框图；

（2）单元电路设计（各单元电路图），元器件的选择及参数计算；

（3）总电路设计，用 Altium Designer 软件绘制电路原理图；

（4）列出元器件清单，撰写总结及体会。

注：本题的实现方案很多，可使用单片机来实现。

6.3.18　红外线数字转速表

1. 设计任务

红外线转速表采用的红外线探头有直接式和反射式两种。直接式探头、发光管和受光管在被测物体的两边，发光管射出的光线直接照射到受光管上，被测物体运动时阻挡光线，产生计数信号，这种探头经常用做光电计数。反射式探头、发光管和受光管在被测物体的同侧，当探头接近物体时，接收到脉冲的红外线信号，用于测量转速比较方便。红外线转速表电路原理框图如图 6-49 所示。

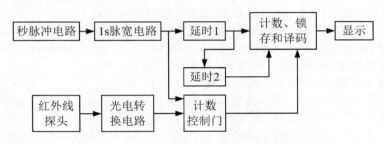

图 6-49　红外线转速表电路原理框图

2. 功能要求

（1）设计四位数数字显示红外线转速表。转速表用红外线发光管。测速范围为 0000～9999 转/min，实现近距离测量。

（2）发射的红外线用一定的频率脉冲调制，接收的调制脉冲通过解调电路得到被测转动体的转速脉冲。

3. 设计要求

（1）设计总体思路，基本原理，给出整体设计框图；

（2）单元电路设计（各单元电路图），元器件的选择及参数计算；

（3）总电路设计以及 Multisim 软件仿真，用 Altium Designer 软件绘制完整的电路图；

（4）撰写设计、调试报告。

主要参考元器件有：5C702 一片，晶振（32768Hz）一片，数码器 BS201A × 4 片，CC40110×4 片，CC4013 一片，CC4098 一片，CC4011 一片，CC4009 一片，2CW53（稳压管）一只，3DG6（三极管）×4 只，3DG12（三极管）×2 只，5GL（发光管）一只，3DU5C（光敏受光管）一只，2CK9（开关二极管）×2 只，电阻、电容若干。

参 考 文 献

[1] 姚素芬.电子电路实训与课程设计[M].北京:清华大学出版社,2013.

[2] 李晓麟.印制电路组件装焊工艺与技术[M].北京:电子工业出版社,2011.

[3] [美]卡德普.印制电路板:设计、制造、装配与测试[M].北京:机械工业出版社,2008.

[4] 党宏社.电路、电子技术实验与电子实训[M].2版.北京:电子工业出版社,2012.

[5] 钱晓龙.电工电子实训教程[M].北京:机械工业出版社,2009.

[6] 肖俊武.电工电子实训[M].3版.北京:电子工业出版社,2012.

[7] 李凤祥.电工电子实训技术教程[M].镇江:江苏大学出版社,2011.

[8] 叶水春,罗中华,邓艳菲.电工电子实训教程[M].2版.北京:清华大学出版社,2011.

[9] 韩广兴,韩雪涛.电子产品装配技术与技能实训教程[M].北京:电子工业出版社,2006.

[10] 石小法.电子技能与实训[M].3版.北京:高等教育出版社,2011.

[11] 熊幸明.电工电子实训教程[M].北京:清华大学出版社,2007.

[12] 唐树森,王立,张素娟.电工电子技能实训指导书[M].北京:人民邮电出版社,2007.

[13] 韩志凌.电工电子实训教程[M].北京:机械工业出版社,2009.

[14] 王雅芳.电子元器件基础及电子实验实训[M].北京:机械工业出版社,2013.

[15] 赵广林.常用电子元器件识别/检测/选用一读通[M].2版.北京:电子工业出版社,2011.

[16] 刘为国,刘建清,王春生,等.从零开始学电子元器件识别与检测技术[M].北京:国防工业出版社,2007.

[17] 高锐.印制电路板的设计与制作[M].北京:机械工业出版社,2012.

[18] 杨宗强,辜竹筠.零起点看图学:万用表检测电子元器件[M].北京:化学工业出版社,2011.

[19] 张军.电子元器件检测与维修从入门到精通[M].北京:科学出版社,2014.

[20] 杨欣,莱•诺克斯,王玉凤.电子设计从零开始[M].2版.北京:清华大学出版社,2010.

[21] 张金.电子设计与制作100例[M].2版.北京:电子工业出版社,2012.

[22] 王彦.全国大学生电子设计竞赛培训教程[M].修订版.北京:电子工业出版社,2010.

[23] 王伞.常用电路模块分析与设计指导[M].2版.北京:清华大学出版社,2013.

[24] 麀先国,余小平,奚大顺.电子系统设计:基础篇[M].3版.北京:北京航空航天大学出版社,2014.

[25] 薛梅,丁可柯,朱震华,等.电子系统设计与实践教程[M].北京:人民邮电出版社,2014.

[26] 陈梓城,汪临伟,胡敏敏.实用电子电路设计与调试(模拟电路)[M].北京:中国电力出版社,2011.

[27] 孙丽霞,殷侠.实用电子电路设计与调试(数字电路)[M].北京:中国电力出版社,2011.

[28] 陈之勃,陈永真.新版大学生电子设计竞赛硬件电路设计指导[M].北京:电子工业出版社,2013.

[29] 高歌.Altium Designer电子设计应用教程[M].北京:清华大学出版社,2011.

[30] 陈世和.电工电子实训教程[M].北京:北京航空航天大学出版社,2011.